JN122445

「環境」の基本的な考え方

―― 持続可能な循環型社会をめざして ――

西野 徳三 著

東北大学出版会

Basic Concept of "Environment" :

Aiming for a sustainable, recycling-oriented society

Tokuzo NISHINO

Tohoku University Press, Sendai
ISBN978-4-86163-347-8

［目　次］

序章　はじめに

第1章　宇宙における地球

第2章 環境から見える資源

第3章　土から得たものを土に返す

第4章　生ごみを含め、有機性廃棄物の処理、堆肥化

第5章 自然と太陽のエネルギーのめぐみ

第6章 健康や病気は遺伝子支配か環境支配か

第7章　日本の自然調和型文化の継承を

序章　はじめに

「環境」という言葉は、「地球環境」「自然環境」のように我々の生活の外界・外側に対して使われることが多いように思われますが、「生活環境」「家庭環境」のように生活空間に関しても使われています。『広辞苑』(岩波書店)によると「めぐり囲む区域のことであり、外界、周囲の事物」のことと書かれており、続けて「人間または生物をとりまき、それと相互作用を及ぼし合うものとして見た外界」のことと定義されています。

人類の歴史や地球の歴史からみると、環境という言葉が関与するのは今から600万年前、つまり人類の歴史が始まってからと思われがちです。しかし、それ以前も自然環境はすでに存在していたはずであり、動物はその中で進化してきました。ところが人類が現れてその自然の中で生活するようになり、他の生物とは少し異なる狩猟や採集を行うような生活を送るようになり、人類はもう一つの環境をつくったといわれます。それは広い意味でいう「文化環境」といえるものであり、二つの環境を人間はもったことになると霊長類学者の河合雅雄氏は述べています(河合、2005)。

1万2000年ほど前からは人類は農耕や牧畜を行うようになり、その生活のまわりにある自然を利用し、改造しながらその「文化環境」は「文明環境」と呼べるようなものに変わったと述べています。その後、文化が発達するにつれて、自然的基盤の上に二次的な自然や人工物が次々に現れてきました。現在は、科学技術が大変に発達して文明環境が肥大化し、自然環境が非常に圧迫される状況が起こっていると思われると氏は述べています。

我々の生活が多様化し、組織化され、複雑になればなるほど、また、社会との関係が増えれば増えるほど、環境という言葉の守備範囲も広がってきたのです。今や日常生活に溶け込んできているこの「環境」という言葉は一言では説明しきれない内容を包むまでになりました。

「人間または生物をとりまき、それと相互作用を及ぼし合うものとして見た外界」という観点で環境をみたとき、図-1のように、それぞれの生物には自然環境の中にそれぞれの世界があり、そのそれぞれの世界にとっての外界があることがわかります。また、それらが互いに部分的に重なり合い、相互作用を及ぼし、依存しあってそれぞれの生物が存在していることもわかります。つまり、我々自身も環境の一部であると気づくことになると、石村多門氏と白川直樹氏は述べています（有田編、2001）。

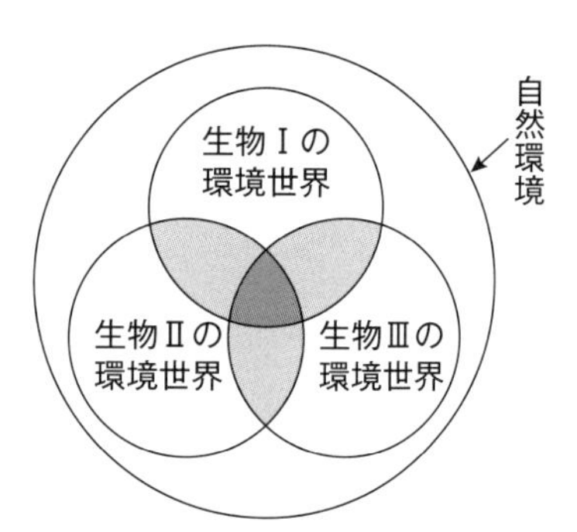

図-1　我々自身も環境の一部である
出典；『有田正光編著，環境へのアプローチ』，p.121，2001年

そして今から約50年前の1972年、スウェーデンのストックホルムで開催された国際連合人間環境会議において、環境の保護と改善のためになすべき事柄が述べられ、環境を保全し向上させる必要があることなどがうたわれた「人間環境宣言」が採択されました。

このようにみてきますと、環境という言葉はその時々に意味合いや重要性が変化しています。本書ではこの「環境」をキーワードに、今我々が置かれている地球や社会の諸問題を考えてみたいと思います。

序章　引用文献

河合雅雄（2005）、『人間の由来、第4回 KOSMOS フォーラム、基調講演、PDF 議事録』、2月5日（2005年）

有田正光編著、石村多門・白川直樹（2001）、『環境問題へのアプローチ』、p.116、東京電機大学出版局（2001年）

第1章　宇宙における地球

Ⅰ．相互作用を及ぼしあって成り立っているそれぞれの世界

Ⅰ－(1)．潜水艦や人工衛星での孤立した環境

個としての人間は、一人では生きていけません。では、家族と一緒なら生きていけるでしょうか？　外部との接触や外部への依存を抜きにして人間が生きていけないのは自明の理であります。個であれ集団であれ、一人であれ家族であれ、我々人間を含めて生物が生きていくためには、その生活基盤の世界だけでなくまわりの世界、つまり外界との相互作用が必要となります。この外界こそが「環境」と考えられます。

我々生身の人間とその外側との関わりについて、やや極端な例をみてみましょう。

潜水艦はいったん出航してしまうと外界から隔離されてしまい、孤立した状態になります。乗組員は、物理的にも精神的にもかなり追い詰められた境遇に置かれることは想像に難くありません。エネルギーや食料は日程に合わせて前もって艦内に持ち込まれます。水も持ち込まれますが、とても必要十分な量の確保には至らないでしょう。空気、酸素はどうでしょうか？　生命維持のために圧縮空気や酸素ボンベとして艦内に持ち込むことになります。では、艦員が生きていくための代謝活動や任務のために行う活動に伴って生じる二酸化炭素はどうなるでしょう？
空気中の二酸化炭素は、その濃度がほんの1%未満でも呼吸や血液循環に変化を与え、それ以上になると生命活動に影響を及ぼすほどとなります。そのため、艦内の至る所に二酸化炭素の吸収剤が置かれ、それで吸収して持ち帰ることになります。

同様の状況は人工衛星でも起こります。スペースシャトルでも二酸化炭素は吸収して持ち帰るといわれ、宇宙飛行士だった毛利衛さんが水酸

化リチウムの吸収缶を交換している写真がNASAのホームページに掲載されていました。

2000年8月の新聞記事によると、宇宙船内では尿などの水分は再利用されますが、二酸化炭素は吸収とは別に、炭素に還元されているそうです。「宇宙から帰還した船内には炭素棒が数本転がっていた」との記事を読んだことがあります。その記事には、この技術はビール工場で発生する大量の二酸化炭素の回収に利用され、回収エネルギーが削減されたとも記されていました。

艦内生活に伴い発生する種々の臭気(汚れ)は消臭剤で吸収することになります。しかし、生活臭、厨房の臭気、トイレの臭いなどは除ききれません。ただ、潜水艦内で暮らす艦員たちは時間とともに嗅覚が麻痺して感覚の順化が起こり、かなりの濃度になってもその臭気を気にせずに生活し続けていられるようです。衣類や身体にそれらの臭気が吸着・付着した状態で航海を終えるのが一般的で、帰港後、電車などに乗ったときに自分のまわりから徐々に人が居なくなったとか、タクシーに乗車拒否されたなどのエピソードは枚挙にいとまがありません。

似たような話は、初期の人工衛星が海上に帰還したときにもあったと聞きます。救出に駆けつけたヘリコプターの作業員がハッチを開けた瞬間、艦内からの臭気で卒倒した…と何かで読んだことがあります。徐々に増加する“毒性のない”臭気に嗅覚が慣らされていくことは、日常的にも経験することでおわかりいただけるでしょう。

これに付随する最近の話題として、アメニティーなどによる人工的な香りで体調不良が発生することや、使用する本人は麻痺(?)していても他人には迷惑になる強い香水などの「香害」なる言葉なども唱えられたりするようになってきたことなどもご存知でしょう。

現在、国際宇宙ステーションでは3日に1度「宇宙下着」を交換し、汗の臭いを約90%、加齢臭も80%程度減らしているとのことです。ちなみにこの「宇宙下着」は、日本で開発された抗菌機能を持つ繊維で作られているそうです。

【コラム１．オナラは安全？】

我々が時々放つオナラは無害かつ安全なのでしょうか？　地上でなら少々有害かつ危険（？）でもすぐに拡散してしまうので問題は起こらないでしょう。しかし、アポロ計画が持ち上がった際には、完全密閉の船内ではオナラの行き場がなく、拡散のしようがないため、爆発の危険性や中毒の危険性があるのではないかと徹底的に調査が行われました。

調査では、オナラに含まれるおよそ100種類の成分が分析されました。量にして99%は窒素・水素・二酸化炭素・メタン・酸素などで、残る1%ほどがアンモニア・硫化水素・インドール・スカトール・揮発性アミンおよび揮発性脂肪酸など、食事で摂取したタンパク質や脂肪の代謝産物が主となる悪臭ガスでした。これ以外の毒物は認められなかったとのことです。種々の悪臭ガスが検出されましたが、これらを含め特殊な検出物も濃度がそれほど高くないため、胸をなで下ろしたとのことです（堀内、2002）。

しかし、実際は微量であっても、宇宙船内で長期にわたると有害なレベルに達することもあります。そのため、一酸化炭素は触媒により酸化し、アンモニアは活性炭吸着やリン酸添着活性炭で吸着して除去しているそうです（大西、2010）。

宇宙ステーション内でのオナラは、実際はこうなった！

宇宙ステーション内においては、ちりを除去するフィルターではにおい分子を除去しきれない上に、船内の空気の流れが緩やかのようです。従って、オナラをしても無重力なので拡散することもなく、「においの塊」となってその周辺にとどまるようです。そこを通りかかった飛行士は「においの塊」による濃いにおいに悶絶するそうです。

宇宙航空研究開発機構（JAXA）参与の福田義也氏によると、やはり、潜水艦と同様に、地球に帰還直後の宇宙船のハッチをあけて中に入った医師は「言葉で言い表せないほど臭かった」と話していたとのことです。「ただ船員は３日もすればなれるそうです」とのことだそうです（竹石、2013）。

臭気は慣れるからそのままで良い(?)としても、屎尿やごみはどうでしょうか?　スペースシャトル内では尿は再生して飲料水にしているともいわれますが、潜水艦ではそこまでの処理は行わず、トイレの汚物は持ち帰るか海中投棄することになります。海中で投棄するには水圧に打ち勝つだけの圧縮空気を汚物用タンクに詰めて噴射・廃棄する必要があり、残ったタンク内の圧縮空気は貴重なのでその後艦内に放出することも多いといわれます(放出操作後の艦内の臭気を想像することができますでしょうか!!)。その他のごみも持ち帰らざるを得ず、艦内で処理することはできません。

結局、潜水艦では生命維持に必要なものは艦内で調達できませんし、ごみも処理できません。そもそも、艦内に持ち込む必要物を生産する場所や調達先、さらに航海後の廃棄物を受け取る場所が存在しなければ潜水艦での生活は成り立ちません。それらの場所や調達先、さらに廃棄物を捨てる場所が潜水艦にとっての「環境」と考えられます。

そのように考えたとき、それらに必要な環境はどの程度の広がり、空間が必要なのでしょうか。

Ⅰ－(2).「バイオスフェアⅡ」などの閉鎖系の密閉・遮断空間

図-2はアメリカのアリゾナ州に建設された閉鎖系の研究施設「バイオスフェアII」の当時の現地パンフレットに加筆したものです。この施設は150億円を費やし、設計と建築に8年近くもかけた総面積1.2 haの建物群です。建物は全て目張りされて完全

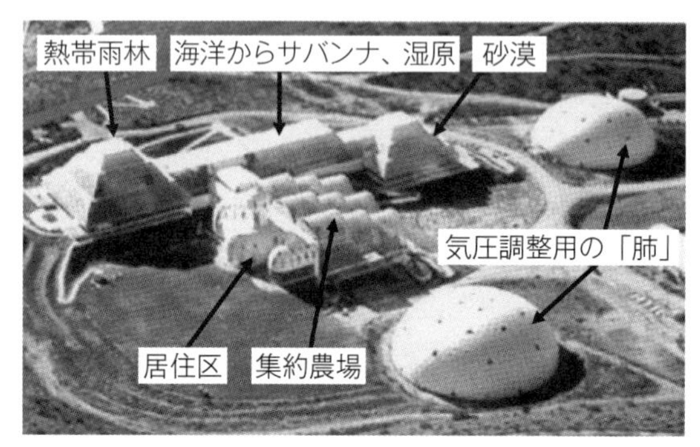

図-2　バイオスフェアⅡの各建物の役割
現地パンフレットに加筆

に密閉され、施設一帯が外部とは遮断されました。その中で8名の研究者が1991年9月から2年間、自給自足の生活を送りました（A.Alling & M.Nelson著、平田訳、1996）。8名が生活を行うために必要な食料などはすべて施設内で調達しなければなりません。また、空気や水も外部からの補給は断たれるので独自に備えた設備により浄化しなければならず、特に空気は「気圧調整用の「肺」」と示した2つの施設で浄化し、調整してリサイクルされていました。

2年間に渡って日常的に使用する洗剤やトイレタリーなどの選定にも時間をかけ、細心の調査・研究を重ね、リサイクル可能な香りの少ない製品だけを持ち込んだそうです。人工的な香りはいったん発散してしまうと閉鎖系においては回収することは困難となり、吸収剤などで回収できたとしても処理に負荷がかかるため、非常に厄介な問題に発展するからです。潜水艦内では毒物となった二酸化炭素は、集約農場や熱帯雨林に見立てた場所で植物や微生物による光合成作用によりリサイクルされます。

なお、外部との情報交換は自由に行われました。施設の冷却と照明に関しても、外界からの電源供給に頼らざるを得なかったとのことです。

さて、このように完全な閉鎖系で2年間にわたり生活出来たということは、1.2 haの空間があれば8名の人間の必要物を調達し、廃棄物を受け入れてくれる場所や空間として十分ということでしょうか？

この施設には、サバンナや湿原、さらに水深8mの模擬海洋までもが用意されました。区分けされた建物内にそれぞれに見合った土壌や植栽、微生物を含む環境も前もって用意されていました。生物多様性を考慮して世界各地から3,000種もの生物が選ばれ、熱帯雨林には300種以上の植物がアマゾンから移植されていましたし、カリブ海からはサンゴも空輸されたとのことです（Y.Baskin著、藤倉訳、2001）。

しかし、土壌微生物が繁殖しすぎて酸素が消費され、途中、酸素ボンベで酸素を施設内に注入したともいわれていますので、この遮断空間内の機能だけでは人間の生活は不十分であったと理解する必要があるのでしょう。

集約農場には事前に田んぼや畑などが作られ、ヒツジやニワトリなどの家畜を飼うことによって食料調達の準備が整っていました。熱帯雨林では時間に合わせてスコールを起こし、現地の状態が再現され、自給自足の生活が可能となるような段取りが出来上がっていました。結局のところ"ミニ地球"という位置づけの施設内における実験であったことがわかります。太陽の光が降り注ぐアリゾナですから光に関しては問題にならないはずでしたが、ガラスや建築材の鉄骨などにさえぎられて日照不足になり、作物の生育が制限され、予測した食料生産量には至らなかったようです。他の場所なら太陽の日射量もさらに重要な因子になったことでしょう。

周到に準備された施設であったことからもわかるように、ただ単にアリゾナの砂漠に（あるいはその他の場所に）1.2haの広さの建物（遮断空間）を作ったとしても、その中で同様の生活が送れるわけではありません。施設の大きさや広さの問題ではないことは容易に想像できるでしょう。8名が2年間もその中だけで生活を送るためには、居住区を取り巻く環境として、正常な活動を行うために必要な要素がすべて含まれている空間(＝環境)が備わっている必要があります。同時に、廃水やごみの受け入れやそれらを再生するための機能やスペースも不可欠です。この範囲まで含めて、生活が自立的に行われる密閉区間、遮断空間と呼ぶことができるでしょう。

我々の生活や都市機能がどれだけその周囲に依存しているかなど、普段あまり考える事がありません。しかし、1995年の阪神淡路大震災ではライフラインの分断などで被災地が一時的に「陸の孤島」となりました。認識を新たにする必要を感じます。

このような実験を行うことは、いずれ月や火星などでコロニーを作るための基礎研究といえます。日本でも2000年に茨城県つくば市にある宇宙航空研究開発機構筑波宇宙センターの実験施設において、男女5名がボランティアとしてカプセルに入った実験を2日間行いました。そこでは、スペースシャトルではあまり実施されなかった、閉鎖空間での人間の代謝産物の細かな分析が目的でした。長期ではなく短期間で終了してしまった理由の1つは、臭気であったといわれています。

バイオスフェアⅡは当初の目的として100年間継続させるという計画がありましたので、2年間の実験を終えた後、第2回目が1994年から続行されました。しかし、6か月で中断されてしまいました。中断の理由は施設内の酸素不足が起こったこと、二酸化炭素の一部がコンクリートに吸収されて光合成に回せなかったこと、そのため、慢性的な食料不足に陥り食に対する不満感が広がったこと、さらに研究員間での心理的な人間関係も出てきた上に資金不足も絡んだためとのことです。確かに、1回目の実験では2年もの間外出もできず、同じ顔触れの人と同じ場所で生活しました。アメリカ人の日常生活に溶け込んでいるコーヒータイムの習慣も、コーヒーの実が熟すのを待って週に一度ほどしか楽しめない状況でした。電話での通話、また当時普及し始めていたインターネットや電子メールなどは自由に利用できたとはいえ、実験に参加するには相当な覚悟が必要だったことでしょうし、ストレスもあったことでしょう。

ところで、人体への影響はどうだったのでしょうか？　実験に入る前には、コレステロール値や血圧の高い「半健康体」の研究者もいましたが、施設内での生活が進むにつれ徐々に値が正常になり、2年後に施設を出るときには全員が完全な健康体になっていたということです。食事に関しては栄養だけはきちんと計算されていたものの、施設内で調達される食料だけで生活せざるを得なかったためにカロリーは1日2,000kcalほどしか得られませんでした。普通のアメリカ人の摂取カロリーに比べたらはるかに少ない食事量で、常にひもじかったと実験終了後に述懐されています。しかし、現代の生活習慣病の原因といわれている過食や脂肪過多などの生活とは全く無縁な生活であり、食と健康に関してのヒントが得られているようにも思われます。

その後、この施設の運営はコロンビア大学に委託され生態系に関する教育施設として利用されました。2006年には周辺の土地とともに宅地開発業者に売り渡され、解説付きの観光ツアーが組まれているとのことです。さらにその後、アリゾナ大学がグローバルな環境変化の研究を行うようになりました。京都大学も、宇宙飛行士の土井隆雄京大特任教授が中心となり将来の「火星開発」を見越した教育プログラムを考案しました。2019年の夏からこの施設を利用して、宇宙で生きていくための環境維持活動を視野に施設内にある水のデータを集め、水質を管理する方法などを学ぶことになったと報道されました(朝日新聞、2019)。

Ⅰ－(3). 南極、昭和基地の今

南極の昭和基地は開設から60年が経過し、当初4棟だった規模が68棟まで増えました。観測隊も初期の53人から、92名(2019年秋に出発。夏隊42名、越冬隊29名、同行者21名)となり、1つの社会が出来上がっています。それに伴って発生するごみや汚水の量も当然増えています。

昭和基地は完全な閉鎖系ではありませんが、半年間は事実上外部と隔離された遮断空間となり、国際条約により廃棄物をできるだけ出さない、出したら持ち帰るなどの制約があります。また、生活環境を浄化するために必要な微生物を持ち込むこともできません。そのため、南極への荷物の持ち込みの段階から、自然界で分解されない資材は用いないようにしています。また、廃棄物は現地では可能な限り減容化し、年に1往復するだけの観測船で日本国内に持ち帰って処理しています。その量は200tにもなるそうです。トイレの汚水はろ過処理して海に流しますが、残った汚泥は焼却し、残渣は日本に持ち帰っているとのことです(朝日新聞、2017)。

隊員92名、冬場は29名という規模の昭和基地でも、そこだけで生活が全うできる空間ではないことがわかります。

外部からの接触を一切遮断して生活ができる空間の大きさは、どこまでの広がりが必要なのでしょうか？　ここまで、家庭、潜水艦、宇宙船、バイオスフェアII、昭和基地とその空間を次第に広げて考えてきました

が、地域単位、都市単位で十分なのか、はたまた国単位にまで広げる必要があるのかなどを次に考察してみたいと思います。

Ｉ－(4). 生きるために必要な環境の大きさとは、環境の入れ子構造

近所にスーパーがあって食料が手に入り、水洗トイレが使用でき、ごみ収集車が来てくれればそれなりに日常生活は可能と思われます。その範囲が家庭にとっての身近な「環境」と考えられないこともないように思われます。

しかし、そのように考えた身近な環境だけでは、食料や水など調達できないものが出てきます。そのため、さらにその外側に依存せざるを得なくなります。「環境」が「環境」でありうるためには、家庭のまわりの身近な環境と考えられる空間のさらに外側に、不足物を供給してくれる環境がないと成り立ちません。いわば「環境の環境」が必要となるのです。それでも調達できないエネルギーや鉱物資源などは、さらにその外側から手に入れざるを得ません。つまり「環境の環境の環境」が必要となることになると物理学者の勝木渥氏は述べています（勝木、1999a）。

廃棄物の捨て場も同様で、庭先への廃棄で間に合うもの、市町村の収集で間に合うもの、もっとグローバルに収集処理せざるを得ないものなどが出てくるでしょう。勝木氏が述べていることを、図-3に概念的にまとめました。

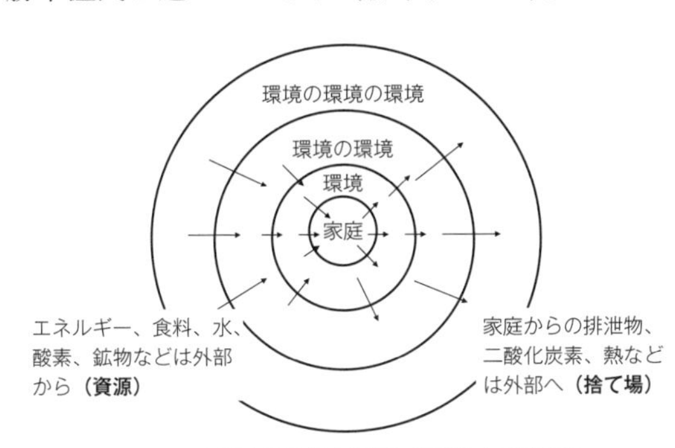

図-3　環境とは資源を提供し廃棄物を受取る場

地球規模で増加しつつある二酸化炭素も再利用されれば問題はないはずですが、増加分はどこに捨てたらよいのでしょうか？　今は捨て場所がないため大気に放出されるがままになっているので、大気中の濃度が

若干増加しています。また、家庭や企業から排出される廃熱はどう処理したらよいのでしょうか？　それらを受け入れてくれるのも「環境」ということになるのでしょう。

つまるところ**「環境とは、資源を提供し、廃棄物を受け入れてくれる場」**と考えられます。しかし、この二重にも三重にも入り組んだ入れ子構造の環境の輪は、どこまで広げることが出来るのでしょうか？　一番外側の環境の輪は何（どこ）なのでしょうか？

現代社会では、不足する資源は他国の生産地から輸入してまかなっています。ある種の資源は枯渇しつつあるといわれ、深海にまで探索の手を伸ばさざるを得ない状況になっています。しかし、その探索範囲もあくまでも地球の中に限られています。月や火星の資源の話が取りざたされることもありますが、現状では夢物語といえるでしょう。

廃棄物の捨て場に関しても、都市近郊において受け入れ能力の限界が報道された時代もありましたが、減容化や分別などを行い、今のところは何とか環境収容能力内で間に合っているように考えられます。しかし、国内で処理せずに（あるいは処理できずに）、資源などの名目や求めに応じて廃棄物を発展途上国へ輸出（移送）している例も多くあります（あるいはありました）。ところが、現地でトラブルに巻き込まれるケースも発生しています。後述しますように廃プラスチックの処理がその典型例です。

しかし、そのような処理形態を含めても、処理もすべて地球の中だけに限られた話であることに変わりはありません。つまるところ、地球以外に頼りになる資源の調達場所や廃棄物の捨て場（環境）は存在せず、いわば地球は最後の砦と考えられます。結局一番大きな環境の輪・一番外側の環境は「地球」ということになるのでしょう。

我々の生活はこの1個しかない有限な地球の制約の中で成立していますが、近年それを逸脱すると思われる事態も起こりつつあります。

Ⅰ－(5). 地球1個分以上の生活は可能なのか？

①　エコロジカル・フットプリントとは―――

「エコロジカル・フットプリント」とは、我々の、生活がどれほど自然環境に依存しているかを分かりやすく示すために考案された指標で、面積を単位として表されます。人間が地球環境に及ぼす影響の大きさとみることもできることから、「地球の自然生態系(＝エコロジカル)を踏みつけた足跡、またはその大きさ(＝フットプリント)」と呼ばれているのです。エコロジカル・フットプリントは、ある地域の人間1人の生活を支えるのに必要な穀物の生産に要する耕作地面積、魚介類の漁場面積、さらに排出される二酸化炭素の吸収に必要な森林面積、水力発電の貯水池の占有面積などの総計としています。この面積の値に人口を掛け合わせると、その地域(国)の人達が生活するのに必要な地球上の面積(テリトリー)となります。アメリカで1人が必要とする生産可能な土地面積は5.1ha、カナダでは4.3ha、日本2.3ha、インド0.4haで、世界平均は1.8haです。先進国における資源の過剰消費の実態がこの値からも示されていますし(環境省によるもの)、人口を掛け合わせると国の面積を超えるところも出てきます。

生物学的に生産可能な土地や水域を考えたとき、地球の生物学的生産力が有限であることは十分理解できます。世界の人々がその豊かさを分かち合って生活するためには、世界の人々が地球1個分の暮らしをしなければならないこともよくわかります。しかし、すでに1970年代には地球で消費される必要物がこの生産力の限界を超えたといわれ、20世紀末には20%も超過するという統計データも出されました。由々しき事態であり、地球での生活が危ぶまれるデータではありましたが、我々の生活にとって特に問題となってはいないように思われます。この超過分は生態系などの食いつぶしや偏った一方的な輸入など、お金による解決で何とかまかなわれているのが現状と思われます。

また、国レベルで個々にこの値を出してみますとアラブ首長国連邦やアメリカなど大幅に超過している国があります。それらの国は自国での生産能力や資源が十分に存在しているということもあるとは思われますが、それも他国の自然生産力や資源に大きく依存しているから可能となるとも考えられます。自らが持つ資源を他国に与えるばかりで自分たちはその享受を受けずに生活している人たちがいるのも事実であり、そういう人たちが居るからこそ、このアンバランスが地球全体として成り立っているわけです。

かけがえのない地球は1個しかないのに、日本は地球2.5個分、EUは2.7個分、さらにアメリカでは5.4個分の生活を送っていると過去に計算されていました。2014年には日本は2.9個分となり、より地球への負担が大きい暮らしになってきているとのことです（朝日新聞、2006；朝日新聞、2018）。

このような生活による過剰消費などによって発生したごみや、それに伴って発生した長年の有害廃棄物などは、地球のどこに廃棄・保管されているのでしょうか？　現実にはどこにも廃棄・保管されてはいないように思われるのですが、なぜなのでしょう？　理由は自然の浄化力にあります。自然の力によって長い年月の間に分解・処理されてきているのです。それを成し遂げてくれた立役者は地球上の微生物であり、分解しにくいといわれて問題となっているPCB化合物やプラスチック類までをも、紫外線などと「協働」しながら分解してくれている結果であります。但し、PCBの処理効率は依然として低いので保管され続けているものも多くありますし、プラスチックの分解も能力不足といわざるを得ないでしょう。

このエコロジカル・フットプリントの値は、二酸化炭素を再生する面積の項目が過大なウエイトを占めているため、あまり現実的ではないとも考えられます。

②　商品生産における二酸化炭素の見える化———

エコロジカル・フットプリントのかなりの部分は、化石燃料の使用によって排出する二酸化炭素を再生・処理する場所の面積が占めています。そのため、偏った指標となっていることは否定できません。さらに、この値は国や行政区画によって表わされるために個人の生活にはあまりなじみがなく、我々の普段の生活からかけ離れた値になっていますので、問題の深刻さや切実さがあまり伝わってきません。

我々の生活が自然環境に与える影響を把握するのに用いる指標として、「カーボン・フットプリント」という概念があります。我々が生活の中で使用するそれぞれの製品について、それが販売されるまでに二酸化炭素の排出量（重量）がどれくらいあり、消費されているかという値として表すものです。個人の生活に必要な製品の原料や生産工程を意識する指標として、欧米を中心に提示されています。この値ならエコロジカル・フットプリントよりもわかりやすく、具体的に生活に直結し、その値を比較しつつ購入製品を選択できるうえに個人や企業単位で考えて取捨選択できる点が特徴です。

日本においても、二酸化炭素の排出量を少しでも減らそうという活動が起こり普及してきました。2008年6月には経産省に研究会ができ、農水省もこれに追随しました。2009年2月、サッポロビールが350mlの缶ビールに「原料栽培からリサイクルまでCO_2 295g」と表示して販売したのが最初の例です。最近この値を目にすることが多くなったように思われますが、これはあくまでも意識を喚起する指標として出されたものです。

その後、国も自助努力だけでは二酸化炭素の削減に対応しきれないことを自覚しました。そこで、削減できない排出量に見合った量を、削減につながる別の事業に投資して埋め合わせて相殺する「カーボン・オフセット」なる概念を導入しました。この考え方はイギリスをはじめとした欧州やアメリカ、オーストラリアなどで取り組みが活発になっています。

海外ではさらに先を行っており、企業の事業活動や国民の日常生活などから排出される温室効果ガスの排出総量を丸ごとオフセットするという「カーボン・ニュートラル」なる考えが注目されるなど新しい動きが見えています。

このように次々と新たな取り組みが出されている裏には、この二酸化炭素の削減は喫緊の課題であり、一筋縄では解決できないという困難な課題であることが見て取れます。

Ⅱ．宇宙空間における地球（太陽、宇宙との関係）

Ⅱ－(1)．地球も宇宙における環境の入れ子の１つである

地球は1個しかなく、閉鎖系であり、その外側となる地球外からは資源を調達することはできません。さらに、ごみを地球外に捨てることもできず、完全に孤立した閉鎖系であると述べてきました。

しかし、宇宙から見たときは地球も宇宙の環境の一部と考えられます。これまで見てきた目に見えるような資源とは異なる、目に見えない太陽の光や熱を受けています。また、地球上で発生する余分な熱を、やはり目に見えないごみとして宇宙へ捨てています。

こう考えると、「地球は閉鎖系で資源などの出入りはない」とはいいきれず、実際は地球の外から「資源」が入っており、地球の外に廃棄物としての「ごみ」を捨てていると考えることができます。この関係はこれまで見てきた地球上の環境の入れ子の考え方と同じで、環境の輪は宇宙にまで広がっていることがわかります（勝木、1999b；エントロピー学会編、2001）。勝木渥氏の著書『物理学に基づく環境の基礎理論』を基に彼が提唱している宇宙にまで広げた地球の入れ子構造を筆者なりに図-4にまとめました。

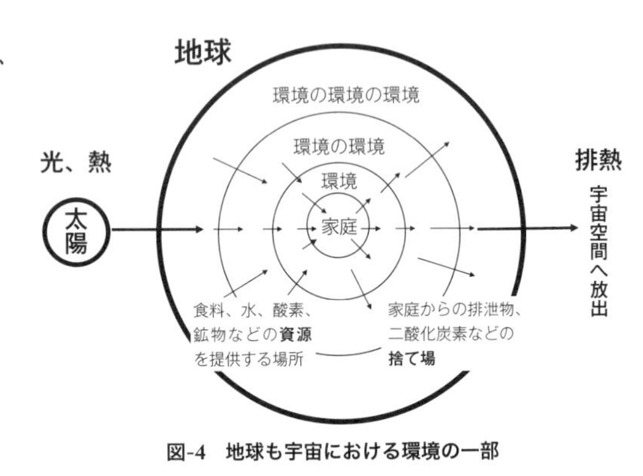

図-4　地球も宇宙における環境の一部

この地球は、いかに現在の生命体を育むことのできる地球に出来上がったのでしょうか？　太陽のエネルギー、水の存在、水の循環、二酸

化炭素の濃度の推移などについて次に考えてみたいと思います。

Ⅱ－(2). 宇宙とのエネルギーのやりとり、大気、水の役割

物理学者で環境経済学者の槌田敦氏は、日本気象協会の報告書を基に、太陽光からの照射エネルギーが地上に届いた後にそれがどのように流れて大気と地表に取り込まれるかを調べました。宇宙における地球の位置においては、入射する太陽光の強さは平面で受けたときは1.95cal/cm^2/minですが、斜めの部分も生じる球形の地球を勘案して平均すると、1cm^{2}当たり0.49cal/minとなります。この太陽からの照射エネルギーを100とすると、そのうちの30はそのまま雲による反射や大気などによる反射によって宇宙空間に逃げてしまいます。残り70が地球に届き利用されます。

この入射光70(%)を「理想的な黒い物体から放射される熱エネルギーは絶対温度の4乗に比例する」という法則（物理学でいう「ステファン・ボルツマンの法則」です）にあてはめて計算しますと熱放射の温度は－18℃となります（槌田、1982)。もしも地球に大気がなかったとすると地表の平均温度はその値の－18℃程度になります。しかし地球には二酸化炭素や水蒸気を含む大気があるために、地上に届く光量の一部(70のうちの23）が大気に吸収されてしまいます。このため、直接地表に届く太陽光はさらに減少して差し引き47となり、平均太陽光の強度0.49cal/cm^2/minの47%にあたる0.23cal/cm^2/minとなると述べられています。しかし、大気に差し引かれた23の熱量は大気中で温室効果へとまわります。従って、地表で直接受けている熱量はもともとの直接太陽光の47だけですが、大気の温室効果による熱が大気から加わることになります。大気中に差し引かれた23以外に地表から熱放射や蒸発熱が加わり、直接届く値47のほぼ倍に当たる96（値の算出法は省略）が温室効果として大気から加わるため、47＋96で合計143となります。この値を再びステファン・ボルツマンの法則から計算しますと31℃となり、地球表面の平均温度は「熱帯」になってしまうといわれます。

しかし地表から水が蒸発するときには蒸発熱(24)が奪われ、さらに空気への伝導熱（6）も地表を冷やす方向に働きますので、この分を差し引くと地表の熱は残りの113(143 − 24 − 6 = 113)となります。これを再びステファン・ボルツマンの法則にあてはめますと15℃に相当し、やっと我々が快適に住める環境になります（槌田、1982)。結局のところ、地球は宇宙において15℃の放射物体として漂っていることになります。

これらの考え方や上で用いた値は杵島正洋ら著の『新しい高校地学の教科書』（講談社ブルーバックス）にも載っています。また、NHKの高校講座の番組内でも述べられていますが、反射する光量は最近の人工衛星の測定などから31となっているようです。太陽光に対して惑星が反射する割合を「アルベド」と呼びますが、「地球のアルベドは0.31である」などとの記述もあります。

大気中の二酸化炭素の濃度は現在0.035％です。しかし、上で見たように水の蒸発による水蒸気の存在も温暖化に対しては意識する必要がありそうです。ただ、水蒸気の濃度は湿度として表され、その値には時間的にも場所的にも変化があり、二酸化炭素のように一概に議論できません。水蒸気の濃度はおおよそ平均体積比にして約2％と見積もられ、温暖化効果の寄与は二酸化炭素が2％、水蒸気が98％と考えられると環境科学が専門の渡辺正氏は述べています。寄与率なども考量する必要があるのでしょうが、我々は二酸化炭素の問題を過大評価している面があるように思われると問題提起されています（渡辺、1998)。

Ⅱ－(3). 地球の歴史における二酸化炭素の功罪

表-1は金星、地球、火星の質量や現在の大気の組成、表面温度などを表したものです。地球の二酸化炭素の濃度が他に比して低いことがわかります。

地球の原始大気も他の惑星と同様に二酸化炭素の濃度は高かったはずですが、なぜこのように低くなったのでしょうか？　それは水が地球にあったお陰で雨が日常的に降るようになり、大気中の塩酸や硫化水素な

表-1　火星、金星、生命なき地球と現在の地球の大気

	金星	火星	生命なき地球	現在の地球
大気（体積%）				
酸　素　O_2	0.007	0.13	微量	21
二酸化炭素　CO_2	96	95	98	0.035
窒　素　N_2	3.4	2.7	1.9	78.1
表面温度（℃）	500	− 60	290 ± 50	15
質　量	0.82	0.11	1	1
大気圧	90	1/132	60	1

出典；田辺和桁，『生物と環境ー生物と水土のシステムー』，p.16，1996 年

どがそれに溶けて海に流れ出し、強酸性の海水となったことによります。その酸性の水が凝固していた岩石に作用し、カルシウム・マグネシウム・ナトリウム・鉄などが溶け出して中和され、強酸性だった海水が現在の弱アルカリ性（pH 8.1 〜 8.3）になりました。こうなると二酸化炭素は海水に吸収されるようになり、その後カルシウムと結合して石灰石（$CaCO_3$）になります。これに含まれる炭素の量は地球に存在する石炭や石油の炭素の量の1万倍もあり、これによって大気中の濃度が減少したと考えられています。もしその状況がなかったら表-1の3列目の「生命なき地球」の状態、つまり二酸化炭素が他の二つの惑星と同様大気中に98%のままとどまった状態になり、宇宙空間に熱が放出されず、温室効果の影響で表面温度は290℃にもなると予想されます（田辺、1996）。

ちなみに太陽からの距離がほとんど同じで、単位面積あたりの入射エネルギーも地球と同じ月の表面温度は、先に述べたステファン・ボルツマンの式から求められる − 18℃となります。これは月に大気がないためです。もしも地球に大気がなかったとすると地表の平均温度は月の値と同じ − 18℃程度となるということになります。

二酸化炭素が大気に増えると地上が暖かくなると考えた宮沢賢治の童話を次に示します。

【コラム2.『グスコーブドリの伝記』(宮沢賢治)、炭酸ガスを放出して飢饉を救おう】

グスコーブドリはイーハトーブに住む少年です。イーハトーブを襲った低温でオリザ(米)が実らず飢饉に見舞われ、父も母も口減らしのために次々と森に消え、妹も人さらいに連れて行かれました。グスコーブドリはなんとか生き延び、イーハトーブ火山局に就職しました。周囲の火山を観察しながら潮汐発電所を作り、放電によって作った肥料(硝酸アンモニウム)を人工雨と共に降らせて作物の増産に寄与し、『電気で肥やし降らせたブドリ』として知られるようになりました。

しかし27歳の時、またあの時と同じ寒気がイーハトーブを襲います。6月になっても黄色いままのオリザの苗や芽を出さない樹を見てグスコーブドリは飢饉の襲来を予感しました。居ても立っても居られず、クーボー博士に『先生、気層のなかに炭酸瓦斯が増えて来れば暖かくなるのですか。』と質問したところ『それはなるだろう。地球ができてからいままでの気温は、大抵空気中の炭酸瓦斯の量できまっていたと云われる位だからね。』といわれ『カルボナード火山島が、いま爆発したら、この気候を変えるくらいの炭酸瓦斯を噴くでしょうか。』と畳み掛けて聞くと『それは僕も計算した。あれがいま爆発すれば、瓦斯はすぐ大循環の上層の風にまじって地球全体を包むだろう。そして下層の空気や地表からの熱の放散を防ぎ、地球全体を平均で五度位温かにするだろうと思う。』という答えを聞きます。重ねて、火山を噴火させる手段を問うと、『それはできるだろう。けれども、その仕事に行ったもののうち最後の一人はどうしても逃げられないのでね。』といわれました。

それから三日後、すっかり爆発の準備が整った島から作業に従事したみんなを船で返し、ブドリは一人で島に残りました。

次の日イーハトーブの人たちは青空が緑色に濁り、日や月が銅色になるのを見ますが、3、4日たつとぐんぐん暖かくなり、その秋はほぼ普通の作柄になって、以前ブドリが味わったような両親や妹を失くす悲劇を防ぐことができました(上の『　』内は宮沢賢治の文章そのままを記しました。クーボー博士のモデルは盛岡高等農林学校の恩師 関豊太郎博士といわれています)。

この童話では触れられていませんが、火山の噴火に伴うものは二酸化炭素や二酸化硫黄だけではありません。細かな噴出物や噴煙もあり、それらにより太陽光が遮られる結果、実際には気温は下がってしまいます。1991年にフィリピンのピナツボ火山が噴火した時には、噴煙が大気にとどまり、地球の平均気温が0.5℃低下しました。

なお、この童話には二酸化炭素の温暖化の問題だけではなく、「潮汐発電所」「人工雨を降らせる」「放電で窒素肥料を作る」「窒素分過多で徒長した」「宇宙船で移動」など現代に通じる内容、あるいは今でも願望に近い技術の内容が書かれています。宮沢賢治の先見の明に感服させられます。

Ⅱ－(4). 地球における水の大きな働き、存在だけでなく循環の重要さ

雨(水)が強酸性物質を溶かして海に流失したことで、原始大気から二酸化炭素が減少したという水の大きな働きを述べました。さらに地表の温度が31℃から15℃に下がった差の16℃分の80%相当分(24/30)の熱量は地表から逃げる熱(24＋6)のうちの24にあたる値であり、水の蒸発による賜物であるとも述べてきました。

水の蒸発熱からこの値を計算しますと、それは1㎡当たり1,000ℓの水の量に相当し、この値は、年間約1,000mm分の降水量の水の量に相当することになります。世界の平均降水量は1,000mmと見積もられていますが、とりもなおさずこれは平均蒸発量 に相当すると考えられます。なぜならば、地球の海洋の水深は平均約3,800 mですから、降水がなければ毎年海洋の1 mの水が蒸発してしまい、3800年で現在の海洋は干上がってしまう計算になります。それに見合う雨が降るのでそうはなっていないのが現状です。

地球大気中の全水蒸気は、10日に1回の割合で降水と蒸発を繰り返しているといわれます。この水蒸気を含む気団が上昇すると圧力が減少し、それに伴って断熱的に膨張します。その結果気団の温度は100 m上昇するにつき平均で0.8℃下がり、上空5kmの地点では地上より40℃も下がって マイナス23℃程度になる計算になります。この温度では大気中の水蒸気は結氷し、雲になります。その時、気化熱と同じ凝縮熱

(586cal/g) や融解熱と同じ凝固熱 (80cal/g)、さらに水蒸気が持つ熱量からの放熱もあり、それらが組み合わさり1gの水蒸気は約700calのエネルギーの熱を放出する計算になります。この熱は遠赤外線の形で宇宙に放射されて処分されます。

熱は光(赤外線)の一種なので重力の影響を受けずに宇宙に放出できますが、雲になった水分子はやがて重力によって雨または雪として地表に戻ってきます。その後再び地表の熱を奪って大気上空へと循環することになると考えられます (槌田、1982)。

地上から蒸発した水分子が上空5kmまで上昇し、その後また地上に戻ってくる「水の循環」が行われているのです。このことが地球規模の大きさの閉鎖系と考えられる空間で成り立っており、我々の地球が青い生命体である大きな理由になっています。

もしも地球の重力が今よりもっと軽かったら、水蒸気になった水の分子を重力で地球に引き止めておくことはできず、地球上の水の存在はあり得なかったはずです。現に月は水分子をとどめ置くだけの重力がなかったため、水が存在しないと考えられています。また、もし地球がもっと重かったら水蒸気は高く上昇することができず、温度も下がらないため水蒸気の水分子は水蒸気のままで、液体の水になることができなかったでしょう。そうなると放熱もできず、地表に水が戻ってくることもできなかったと考えられます。その状況では地表は飽和水蒸気で充満してしまい、それ以上の水の蒸発も不可能であったことでしょう。

蒸発熱が如何に大きいかを示す例があります。山で豪雨に遭い、衣服が1ℓの水で濡れたとき、これを体温だけで乾かすとしましょう。これを試みると、計算上は37℃の体温が27℃にまで下がってしまい、人間は凍死してしまうと考えられます (上平、1990)。

Ⅱ－(5). エントロピーの概念で地球の存続を眺める

エントロピーとは、物質とエネルギーとの両方をひっくるめた拡散の度合いを表す物理量であり、乱雑さの尺度でもあります。エントロピー増大の法則は、エネルギー保存の法則や質量保存の法則とともに自然界の大原則の1つです。「物は拡散する」というこの熱力学的概念から地球環境を眺めると、複雑系である地球も自然界の大原則に則っていることがわかります。

食料などは分子の構造が規則正しいので低エントロピー物質となります。生命はこのような低エントロピー物質を摂取し代謝するので、高エントロピー状態、つまり乱雑な状態になると思われるところですが、実際は規則正しい低エントロピーの状態が維持された生命体を作り上げています。量子力学の発展を築き分子生物学の発展にも大きな刺激を与えた理論物理学者のシュレージンガーは、この増大則に合致しないと思われる状態について、著書『生命とは何か』で「生命体は《負のエントロピー》を食べている」と架空の概念を定義しました。しかし、刊行から1年後の1945年に同書の改訂版を出し、「生命の営みにより作り出され増大する余分なエントロピーを熱として廃棄できるので、負のエントロピーという概念を入れなくともエントロピー増大の法則に生命体も則っている」とその考えを訂正することになりました。

高エントロピー物質であり廃棄物でもある熱エネルギーを捨てる方法としては同様に水が利用されています。つまりエントロピーの「運び手」として、上述したような方法で水が利用されることになるのです。水は、気化熱も、比熱も、溶解力も他のどの物質より大きいといった非常に特異な性質をもつため、きわめて大きなエントロピーを吸収する能力を持っています。宇宙への熱放出の媒体として水が利用されたのには、水が「存在」していただけでなく、地球上でその水の「循環」が可能だったことに大きな理由があることも既に述べました。このことは、エントロピーの考え方からも納得されるところと思います。

このエントロピーの概念を入れて環境を見直すと、環境とは「生命系に低エントロピー物質を提供する場所であり、生命系から熱と高エントロピー物質（生命活動からの汚れたもの、熱もエネルギーの汚れ切ったものと考えられる）を排出される外界である」と定義することができます（勝木、1999c）。

結局宇宙から見たら地球も、環境の一部であることになります。その地球が永続的に存在しているのは、二酸化炭素の濃度が下がったことや、水の分子量と地球の重力のバランスの賜物であることを述べましたが、それを説明するためにはⅡ－(1) 項でみたように必要な環境の大きさを追求すれば宇宙にまで広げざるを得ないことがわかります。

しかし、我々の生活はすでに見たようにそれぞれの生物の持つ入れ子構造の、そのお互いの環境の集合体として成り立っています。再度原点に戻り、その環境の実社会での関係や大きさについて別の観点から眺めてみたいと思います。

Ⅲ．実社会での遮断空間（遮断環境）

Ⅲ－(1)．遮断空間であった江戸時代の日本

① そこで発展した独特な技術、芸術、環境産業――

江戸時代、幕府は鎖国を行いました。そのため、日本は国外との取引が事実上なされず、外界から遮断されて200年近くを過ごしました。鎖国の間は国外から資源が入りませんでしたし、廃棄物も国外へ持ち出せず国内で処理されていました。Ⅰ－(4) 項でみた環境の大きさ、遮断空間を江戸時代の日本にあてはめてみると、その範囲は国内とみなすことができるでしょう。

遮断空間内のみでの生活がどんなものであったかは、江戸時代の人々の生活を眺めればわかります。和時計や日本刀などの技術、浮世絵や錦絵などの絵画や「ジャパン」と呼ばれる漆の漆器、盆栽に始まる園芸文化、また、織物や染色の技法、花火などの技術と、いずれも繊細で規模の小さな技術が発展し、さらに独特な芸能などが独自の進化をとげました。しかし、それらの技術や芸能は、芸事や遊びに応用・展開されるにとどまり、大きな「産業」までには発展しませんでした。いや、発展できなかったというのが実情かもしれません。それらの技術や芸能は今に受け継がれ、日本の高級時計の精密技術は独自の産業分野となっています

し、刀剣の技術は和包丁などとしてこれまた独自の発展をとげて世界中から注目されるようになりました。

伊万里焼や有田焼などの陶芸の技術も世界をリードし、ヨーロッパの宮殿を飾るステータスシンボルとして輸出され、珍重されました。それを見本として作られたマイセン磁器などは白磁の最高峰として今に至っています。版画や浮世絵なども多くの西洋絵画に影響を与えましたが、特に葛飾北斎の版画は当時のヨーロッパ後期印象派のマネやモネなど多くの画家に影響を与え「ジャポニズム」が生まれるまでに発展しました。いずれも当時の日本の技術レベルが世界を牽引できる卓越した状態だったことが伺えます。

また、上水や治水対策に関わる測量やそれらの基礎ともなった和算の知識も、各藩により競われ発展し、日本独自の学問として進化したことは多くの場面で評価されています。

第11代将軍徳川家斉の大御所時代と呼ばれる頃には町民文化が開花し、それらの芸事や芸能や技術は庶民の生活にまで広まっていきました。しかし、それらもやはり国の内側だけのことであったわけです。

絵画や織物や陶器などの製品を、作成する原料や資源という面を考えたとき、利用できるものは限られていました。そのほとんどが、太陽エネルギーによって得られる植物素材や自然の粘土などが主でした。いい換えれば、利用できる原料や資源が乏しく、それしかなかったということだったと思われます。それらの限られた資源を、手を変え品を変えて色々な分野に利用したのです。例えば和紙の製造技術は、今では世界中の博物館で特殊な修復などの時に使用される紙の製造に利用されています。これも世界から珍重されるほど素晴らしい技法であり、現在に継承されています。

江戸時代の日本は、大量生産や大量消費は必然的に不可能でした。その結果として、少ない材料を使い回しするリサイクル社会が出来上がったのです。少ない資源を有効に活用し、最後まで使い切る「環境関連産業」ともいうべきシステムが社会の隅々にまで行き渡っていました。その証拠に、竈の灰を取引する「灰屋」というような、世界でも類を見ない特殊な商売までもが存在していました（内藤ら、2009a）。

② 貧富をなくす互助の精神と、ものを大事に使いきる社会―――

また、この時代は全国的に町会所（まちかいしょ）という町方の自治機関ができて、そこに商人たちが集いました。町会所では裕福な商人から貧しい人たちへ施しをする窮民救済や災害時の救済の仲立ちが行われ、弱い者を助けるセーフティーネットが近代化を前にできあがっていました。江戸では大火も頻繁に起こったため、お金や物に執着しない、身軽な生活で、お互いが助け合いながらの生活が営まれていたようです。

③ プロイセン（ドイツ）から来日した視察団の農学者マロンが残した言葉―――

江戸時代末期の安政の五カ国条約の締結の頃、プロイセン（ドイツ）の遠征隊が江戸にきて庶民の生活を見た報告書が残されています。ドイツはその頃まだ世界の列強には入っておらず、条約を結ぶ準備のため遅ればせながら来日しましたが、その遠征隊の一員として加わっていた農学者のマロンが帰国後報告書に以下のように記載しています。

「私たちの目の前には、自然の諸力の完全な循環という素晴らしい光景が広がっており、そこでは連鎖の環は1つも欠けることなく、次から次へと手を取りあっている」

江戸の人々の、ものを大事にし、最後まで使い切る生活ぶりがわかります。それ以外にも、庶民が衛生的に互助の精神で生活している様子にも驚いたようです。当時（1860年頃）世界有数の100万都市であった江戸での、資源を大事に利用し、清潔でそれなりに快適で、結果的に環境が重視されていた人々の暮らしが窺えます（應和編、2005）。

④ 当時の許容人口―――

当時の日本の人口は諸説ありますが、寺院台帳から読み取るに2600万人で長年一定であったと考えられます。乳幼児の死亡率が高かったため、子どもの数はある年齢になるまではその台帳に登録されていなかったそうです（菊池、1994）。

人口は食料生産性によってのみ決定されると考えられますが、その数が江戸時代の遮断空間におけるギリギリの許容人数であったのでしょう。度々の飢饉、貧困、病気の蔓延などによって人口は変動し、さらに食料不足に陥ると赤子は間引きなどで調整され、女性や子どもは口減らしのため過酷な環境に追いやられることもありました。結局、当時はそれだけの人口を養うだけの食料しか得られなかったための結果と思われます。また、人口のグラフを描くと明治になったところで不連続に増加しますが、その時点で子どもの数が加算されたことがその理由と思われ、それ以降は子どもを含めての全人口の統計になっています。

当時のヨーロッパではペストなどの感染症で一度に人口が半減するなどの事態も発生していましたが、日本は鎖国のお陰でそのような感染症も蔓延せず、江戸時代の人口はほぼ一定でした。

⑤　耕地面積と人口の推移———

江戸時代に至るまでの日本の人口は、平安中期の930年には770万人、室町中期の1450年には1140万人になり、江戸初期の1600年頃には1800万人と推定されています。それに対し、耕地面積は平安中期で86万町歩、室町中期には少し増えて95万町歩、江戸の初期には164万町歩となります。人口と耕地面積にはほぼ比例関係があり、耕地面積に見合うだけの人口が養われていたことがわかります。

明治初期の1874年の段階では、耕地は305万町歩と大幅に増えています。人口もそれに比例して3480万人（子どもの人数も含めて）に増えていることがわかります。面積と人口の割合は子どもの数による差はあるにしてもそれまでの比例関係とほとんど変わっておらず、開墾が進んで耕地面積が増えても、旧来の農作業によって得られる食料の扶養力であることが読み取れます（高橋、1995）。

それが明治になり開国をした結果、人口の増加が耕地面積の増加に対してほぼ比例関係で推移してきたそれまでとは異なり、指数関数的に急増して行きます。外国から導入された近代化技術や知識により、食料の供給量が増え、合わせて衛生思想や医学の知識などが広く庶民にまで普及して死亡率が減少したなどの結果であったと思われます。また、封建制度の下では結婚も自由にできなかった農家の次男、三男に働く場が提供されたことも大きな変化だったことでしょう。

この当時のヨーロッパ社会での生活については章を変え、日本と対比しながら眺めてみることにします。

Ⅲ－(2). 急に鎖国状態になり、資源制約が起こったら

① キューバが迎えた危機、解決はミミズの働きやバイオの力で———

日本で今、江戸時代のように鎖国をし、国境で空間を遮断したらどうなるでしょうか？　考えただけで恐ろしくなりますが、近代化した世界でそれを実際に行なった国があります。

カリブ海にあるキューバは、経済の面で後ろ盾だったソ連が1991年に突然崩壊したため資源制約が起こり、輸入がストップして経済危機に陥りました。そこでまず食料を確保するため、耕せる土地はすべて畑にし、空き缶にまで土を詰めて食料生産に励みました。ミミズを利用するなどして牛糞などの有機物を堆肥とし、化学肥料の代わりにもしました。ダーウインに「地球上の表土から60cmの土が、ミミズの体内を通って100年で生まれ変わる」といわしめたほどの土壌改良力を持っているミミズを利用したわけです。「ミミズバーガー」も食されたそうです。微生物肥料などを活用し、さらにバイオ農薬を開発するなど有機農法を取り入れ、土地を肥沃にして食料生産に励みました。

しかし、それまでは化学肥料や農薬を使用する近代的農業が長年継続されていましたので、土地やそれを取り巻く自然も、それに合った環境として出来上がっていました。循環型農業を主とする有機農業へと急に転換しても、その農法の立役者である微生物や昆虫の働きはもちろん、それらのバランスが合致して機能するようになるのには、5年ほどの年月を要するといわれていました。実際にそれだけの時間はかかりましたが、その結果、土の肥沃さは見事に回復し、柑橘類、コーヒー、タバコ

などの生産は以前の水準にまで戻ったといわれています（吉田、2002）。

また、特産物である砂糖をそのまま輸出するのではなく、それを原料に発酵技術を活かして医薬品を作り、付加価値を高めて輸出するなどのバイオテクノロジーに活路を見出しました。日本からもそれに必要となるバイオリアクターなどの機器を購入しましたが、設置工事中の現場に当時のフィデル・カストロ首相が視察に訪れたほど力が注がれました。

キューバは、国の最大の資源は人間であると考え、科学や医療分野などの教育にも投資しました。またスポーツや文化の面での特殊な能力の人材の発掘と開花にも邁進し続けて、何とか危機を乗り越え持ち直したということです（内藤ら、2009b）。

食料生産のために試みたバイオ肥料に関しても、特殊な窒素固定菌（アセトバクターやアゾトバクターなど）を葉面に散布する技術を開発しました。作物が必要とする窒素肥料分の40％ほどがこの菌によって供給され、肥料の使用を代替えできるという実績も得ています。このような肥料供給の新しい方法は、肥料の由来を元素の同位体比を調べるなどで確認して、着実な研究の結果を踏まえて実用化させているとのことです（内藤ら、2009c）。

資源の制約を受けたとしても、廃れてしまった技術を復活させたり、新しい産業に活路を見出したりして団結すれば、何とかなるという1つのモデルケースでしょうか。

② 食料自給率の低さが問題な日本――

農林水産省の発表によると、日本の食料自給率はカロリーベース（熱量基準）で昭和40年度に73％もあったものが年々下がり続け、平成30年度には37％となりました。前年度より1％減少し、主要先進国の中では最低です。

土地の広いカナダ（265％、平成25年）やオーストラリア（223％、同）の高い数値はわかりますが、フランスは第4位で127％（同）、ドイツが第5位で95％（同）、イギリス63％（同）、イタリア60％（同）ですから、いかに日本の値が低いかがわかります。

食料自給率が低下した理由としては、日本人の食生活が大きく変化したことが挙げられます。お米を食べる量が減る一方、パンを主とする肉や脂質の多い欧米型の食事が増えました（パンの原料となる小麦の自給率は10%余りです）。

その結果として栄養バランスが崩れて生活習慣病を引き起こしているともいわれていますし、廃棄に回る食料も多いといわれます。これらに関しては改めて考察しようと思います。

一方、消費重量を金額に換算して算出する自給率（食料の国内生産額を食料の国内消費仕向額で除した生産額ベース）は65%となり（2017年度、農水省）、カロリーベースの値と大きく異なる高い値が出ます。それにしても、生きるために必要な食料のカロリーの自給率が低いことは大きな問題であります。度々改善が叫ばれていますが回復の兆しは見えていません。

冷害でコメの生産が低下して慌てふためいた年のことも思い出され、もう少し自給率を上げたいものです。

③　エネルギー自給率はもっと低い―――

日本は石油や天然ガスなどの資源に乏しく、2016年のエネルギー自給率は約8%しかありませんでした。再生可能エネルギーが注目されていますが多くの課題があることも大きな問題です。

太陽光発電の技術は、1990年代には日本は世界トップレベルでした。しかしその後の国の政策転換によって原子力による国興しが進み、太陽光発電の普及に急ブレーキがかかってしまいました。その結果、研究や普及の拠点はドイツに移ってしまいました（朝日新聞、2013）。基礎研究から再出発して技術力を再構築する必要を感じます。

【コラム３．日本が今鎖国をしたら食卓はどうなるか】

食料自給率の値が低いことにちなみ、2004年４月の新聞に日本が今、キューバのような状況になった時の状況予想が報道されました（朝日新聞、2004）。

食事に関しては、卵は10日に１個、牛乳は５日にコップ１杯、肉は10日に１度しか食べられません。朝食は茶碗１杯のご飯はありますが、おかずは粉吹きイモと粕漬け１皿です。昼食は焼き芋２本とリンゴ１/４個、また、夕食は１杯のご飯と粉吹きイモ及び１切れの焼魚というような献立になってしまうと予想されます。

納豆は３日に１パック、うどんは３日に１杯。飽食でぜいたくな現在の食生活から見たらとんでもないと思われる程のひもじい食卓になってしまいます。

このような献立を見ると、食料に関しては古くからの日本食のコメや芋、豆類を主とする生活に戻して何とかなるのではないかとは考えられますが、現在大量に輸入しているエネルギーに関してはどうしようもないのが現状と思われます。

自然エネルギーをもっと活用することを推し進めるなども今後必要な施策と思われます。

第１章　引用文献

堀内勲（2002）、『赤ちゃんはスリッパの裏をなめても平気　あなたの周りの微生物がわかる本』、p.40、ダイヤモンド社（2002 年）

大西充（2010）、「宇宙における生命維持の化学」、『化学と教育』、58 巻 p.110、公益社団法人日本化学会（2010 年）

竹石涼子（2013）、朝日新聞　GLOBE、G-6, 4 月 21 日（2013 年）

Abigail Alling & Mark Nelson 著、平田明隆訳（1996）、『バイオスフィア実験生活　史上最大の人工閉鎖生体系での２年間』、p.21、講談社（1996 年）

Yvonne Baskin 著、藤倉良訳（2001）、『生物多様性の意味　自然は生命をどう支えているのか』、p .276, ダイヤモンド社（2001 年）

朝日新聞（2019）、1 月 30 日（2019 年）

朝日新聞（2017）、2 月 18 日（2017 年）
勝木渥（1999a）、『物理学に基づく 環境の基礎理論 ―冷却・循環・エントロピー―』、p.42、海鳴社（1999 年）
朝日新聞（2006）、4 月 8 日（2006 年）
朝日新聞（2018）、7 月 4 日（2018 年）
勝木渥（1999b）、『物理学に基づく 環境の基礎理論 ―冷却・循環・エントロピー―』、p.46、海鳴社（1999 年）
エントロピー学会編（2001）、『「循環型社会」を問う　生命・技術・経済』、p.48、藤原書店（2001 年）
槌田敦（1982）、『資源物理学入門』、p.159、NHK ブックス（1982 年）
渡辺正（1998）、「H_2O と CO_2 ―自然環境の大黒柱」、『化学と教育』、46 巻、p.76、公益社団法人日本化学会（1998 年）
田辺和裄（1996）、『生物と環境　生物と水土のシステム』、p.16、東京教学社（1996 年）
上平恒（1990）、『生命から見た水』、p.12、共立出版（1990）
勝木渥（1999c）、『物理学に基づく 環境の基礎理論 ―冷却・循環・エントロピー―』、p.45、 海鳴社（1999 年）
内藤耕、石川英輔、吉田太郎、岸上祐子、枝廣淳子（2009a）、『江戸・キューバに学ぶ“真”の持続型社会』、p.44、日刊工業新聞社（2009 年）
應和邦昭編（2005）、『食と環境』、p.30、東京農業大学出版会（2005 年）
菊池俊英（1994）、『人間の生物学』、p.151、理工学社（1994 年）
高橋英一（1995）、『肥料の来た道、帰る道 ―環境・人口問題を考える』、p.44、研成社（1995 年）
吉田太郎（2002）、『有機農業が国を変えた　小さなキューバの大きな実験』、p.22、コモンズ（2002 年）
内藤耕、石川英輔、吉田太郎、岸上祐子、枝廣淳子（2009b）、『江戸・キューバに学ぶ“真”の持続型社会』、p.130、日刊工業新聞社（2009 年）
内藤耕、石川英輔、吉田太郎、岸上祐子、枝廣淳子（2009c）、『江戸・キューバに学ぶ“真”の持続型社会』、p.78、日刊工業新聞社（2009 年）
朝日新聞（2013）、1 月 14 日（2013 年）
朝日新聞（2004）、4 月 4 日（2004 年）

第2章　環境から見える資源

Ⅳ．排泄物（屎尿）から見えるヨーロッパと日本

Ⅳ－(1)．遺跡に見る日本のトイレ

今でも様々な感染症の原因となっている人間の排泄物(屎尿)の処理について眺めてみたいと思います。

日本における汲み取り式トイレはいつごろからあったのでしょうか？遺跡の発掘において、糞石がまとまって一か所から出土することからトイレの場所が確認できます。奈良時代には海外からの賓客の迎賓館（鴻臚館）が大宰府にありました。そこの糞石の中の寄生虫卵の化石が、当時の日本人の食生活からは出てこない食材によるものと考えられ、大陸から渡来した高僧や知識人達の使用したトイレであることなどが確認されています。

また、奈良時代から平安時代、渤海（現在の中国東北部から朝鮮半島北部、ロシアの太平洋沿岸にかけてかつて存在した国）に対する大和政権の外交拠点として秋田城(現在の秋田市にあった古代の城柵)がありました。その発掘調査によると、ここの糞石からも豚肉を常食する人の便に存在する小さな寄生虫の卵の化石が見出されており、渤海人が使用したトイレではないかと思われています。また、12世紀には奥州平泉に藤原氏三代の居館跡「柳之御所」がありましたが、そこにもトイレがあったことがわかっています。

これらは賓客や貴人、為政者専用であり、庶民のものではありませんでした。庶民のものとしては7世紀の藤原京にはすでに汲み取りトイレがあり、これを肥料にしていたのではないかと思われています。また中世の京都を描いた「洛中洛外図」の町屋の区画内に共同トイレが描かれており、通行人も木戸を通ってそのトイレを使用することが可能となって

いたことがわかります（松井、2005）。

これらの事実から日本にはかなり古くからトイレがあったことが伺えます。ヨーロッパでは、17世紀に建てられたベルサイユ宮殿にもトイレはなかったといわれています。それでは、当時の排泄物の処理はどうしていたのでしょうか。

Ⅳ－(2). ヨーロッパのトイレ事情

①　ベルサイユ宮殿のトイレ事情――

ベルサイユ宮殿はルイ14世の時代に増改築されて、国王はルーブル宮殿から移り住みました。14世は慢性的な下痢症であったため、要人との謁見や執務にはイス型の「おまる」に腰を下ろして行っていたとのことです。

王の在位は72年も続きましたが、その間、宮殿にはトイレがなかったといわれています。フランスの歴史学者、アラン・コルバンの大著『においの歴史』にもそのように書かれていますし、同じような記述は辞典などでも多く見られ、このことは通説になっている感がありました。

しかし、その通説について朝日新聞の編集委員だった岡並木氏が宮殿の係の人に直接取材して確認したところ「王様専用のくみ取りトイレと2,000個のおまるがあった」と説明を受けたそうです。また、これまでトイレについて調べに来た人はいなかったともいわれたそうです（朝日新聞、1999）。当時宮殿には4,000人もが日常的に生活していましたので数も不足するはずです。実際はやはり廊下や部屋の隅、庭の茂みで用を足し、おまるの中身も庭に捨てられていたのは事実のようです。ルーブル宮殿を離れた理由も、庭に散乱する汚物とその臭気が一因であったともいわれています。

なお、次のルイ15世は約50か所の水洗トイレをつくったと係の人の説明が続いたそうです。それが知られていないのは、革命のときに壊されたり、宮殿の見学コースとは異なる場所にあったりしたためとのことだそうです（岡、1985；辨野、2006）。

② パリ市民のトイレは？――

宮殿にもなかったといわれていたトイレが市民の家にあるはずもなく、その頃のヨーロッパでは一般に「おまる」が使用されていました。使用後のおまるの中身は「水に気をつけて」など一声かけて、あるいは声もかけず、窓から道路に捨てて良いことになっていました。というより、そのように捨てて処理せざるを得なかったようです。

イギリスのウィリアム・ホガースの組み銅版画の「夜」という作品に、二階の窓から通行人がいる道路におまるの中身を投げ捨てている光景が描かれています。これは1730年代の様子です(図-5、左上の窓に注目)(岡田、2006a)。

図-5　ウィリアム・ホガースの銅版画「夜」
出典；岡田晴恵,『感染症は世界史を動かす』, p.191, 2006年

パリでは、華やかな円舞会に集う淑女は専用の尿瓶(しびん)をケースに入れて従者に持たせ、もよおすと庭などに出てフレアスカートの中に瓶を入れて用を足していたといわれています(平田、1996)。このような状況ですから、当然道路は汚物だらけでした。女性のハイヒールや男性のストック、山高帽、マントなどは、それらを踏まないように、あるいは、歩行中にまわりの窓からの不意の落下物の被害を少しでも防ぐために出来上がったスタイルといわれています。当時の建物も階上からの落下物を避ける目的で、一階の通路際は二階よりも凹んでいたところもあったそうですが、とても防ぎきれる状況ではなかったと思われます。

パリの人々は19世紀になってもおまるの中身を通路に捨てるのが唯

一の処理方法であったとのことです。したがって、いったんコレラなどの伝染病の患者が出れば広く蔓延してしまい、1848年からの流行ではヨーロッパ全域で2,500万人もの人が死亡したとのことです。

その流行の原因がトイレによる環境汚染に起因しているとわかったのは、次のスノー医師の1854年の研究によるものです。

Ⅳ－(3). コレラ、ペストの発生とその予防

① コレラの発生源を突き止めた世界初の疫学調査———

ロンドンのスノー医師は、コレラの発生の原因を突き止めようと、コレラによる死亡者の発生点と彼らが日常的に使用していた井戸ポンプの位置を聞き取り、地図に書き入れて調べました。その結果、コレラの死亡者はある1つの水道ポンプの周辺に集中していて、他の井戸を用いている家庭には患者が発生していないことがわかりました。この調査により、患者からでた"ある物質"が井戸に流れ込み、その水を使ったために感染したのではないかと考え、コレラの蔓延は患者の屎尿を介して伝わるということが突き止められました（J.G.Black著、林ら訳、2003）。

1854年に発表されたこの研究は現代の疫学研究の先駆けとなった記念すべき報告です。この研究が基となって環境汚染を考える意識が高まり、上下水道の普及にもつながることとなりました。

ちなみにロンドンの上水道の始まりはその翌年の1855年で、当初はただ単に河川の水を敷き詰めた砂に通すだけで始まりました。屎尿を介するコレラなどの予防には、この方法では不十分で不完全でした。ヒトから出る糞便が人々の飲み水を汚し、さらには人々の生命を脅かしてきた悲しい歴史です。

コレラは18世紀まではインド、ベンガル地方の風土病にすぎませんでしたが、1829年にヨーロッパに侵入しました。生水は飲まないようにとの呼びかけがあり、イギリスの紅茶文化はこれがもとで発展したともいわれています。

汚染された井戸水が原因とわかってからも、その水の中に潜む病気の

原因となる“ある物質”の正体が解明されるまでにはさらに30年もかかりました。ドイツの医者で細菌学者のコッホによってその病原菌が発見されたのは1884年のことでした。それまでの間は、この病気は経口感染症なので生水や生の食物を摂取しないなどの注意で予防するしかありませんでした。

人類を苦しめてきた多くの病気は“自然に発生する”と考えられてきましたが、その原因がやっと科学的に考えられるようになったわけです。

②　ペストの発生から検疫制度を制定し、それが中世から近世への移行の原動力に――

古くから最も恐れられた疫病の1つにペストがあります。「黒死病」とも呼ばれ、中でも肺ペストは空気感染で広まり致死率が80%以上と高く、ある都市が1日にして無くなることもあった恐ろしい疫病でした。14世紀半ばのヨーロッパでの蔓延では総人口の40%もの人の命が奪われ、その回復に200年も要したという稀有な疫病です。イタリアや中国でも人口が半減したといわれています（小池、1998）。

ペストは、貧富の差、信仰心の強弱、身分の高低に関係なしに罹病・死亡したといわれます。しかし、イスパニアで異教徒として監獄に収容されていたイスラム教徒は1人も死ななかったといわれます（1348年）。これはアラーの神の加護ではなく隔離のためでした。そのことに気づいて検疫制度ができましたが、当初はその期間は30日でした。しかし、それでは不足する例も出てきたため、後に40日となりました。「検疫」という意味の英語「quarantine」は、ラテン語の「40（quadrāgintā）」という数詞から来ています。

このような状況で労働人口が激減し、当時行われていた荘園制度の維持も不可能となって中世という時代は幕を閉じます。ペストは近世へと移行する原動力となったといわれていますが、それほど歴史に残る病気であったことになります。また、多くの民が信仰していたキリスト教はペストの感染から救ってくれなかったということから、宗教に立脚した社会から自然科学を重視する世の中へと流れが変動していく契機にもなったと総括されています（中原・佐川、1995）。

ペストも、もとはヒトの病気ではなくげっ歯類、特にクマネズミの病気でありました。過去においては、ペスト菌を持つネズミの血液を吸ったノミを介して森林原野のノネズミから都市のイエネズミに広がり、ヒトにも広がったそうです（立川、1997）。病原菌は1894年に北里柴三郎によって発見され、今では治療効果も向上していますし、都市には保菌するネズミはいませんので発病の心配は無くなりました。

しかし、現在でも森林開発は行われています。原生林に住んでいた、菌を持ったげっ歯類たちの生活環境が破壊され、住む場所を追われた動物がヒトと接触する機会が増えています（三瀬、1998）。また、海外との交流が活発となったことで、ヒトの方が菌を持つ動物の生息する地域（アフリカの山岳地、密林地帯やヒマラヤ山脈周辺、またモンゴルの草原地帯やロッキー山脈周辺など）に出かけることが多くなり、菌をもつ動物と接触することが増えたことで流行が急増しているとのことです（滝上、2002；岡田、2006b）。

ウイルスによる病気も同様な広がりを見せています。

③　日本の検疫制度―――

鎖国をしていた日本は1858年に修好通商条約の締結にこぎつけ、5つの港を開港して対外貿易を開始しました。しかし、検疫制度は諸外国から認められませんでした。対外貿易の活性化と同時に感染症の蔓延もしばしば起こり、1879（明治12）年には全国で10万人のコレラによる死者が発生し、その後もたびたび大流行が起こりました。明治政府は、欧米の海港検疫制度の情報をもとに再三にわたり諸外国と不平等条約の改定に向けての交渉を行いますが、なかなか認めてもらえませんでした。条約改正が行われたのは1899（明治32）年に「海港検疫法」が施行された時であり、これでやっと晴れて日本も独立国になりました。

④　上水道の塩素消毒の盲点―――

現在日本国内でのコレラの発症はほとんどありません。少ない発症例は、流行地域への渡航後の発生となっています。発症しても輸液と抗菌剤などで治療できますので、コレラは昔の病気のように思われていますが、今でも現役の伝染病であることに変わりはありません。このような水系経口感染症を減らすには塩素消毒が有効と理解されるようになってきました。

ところが1991年にペルーにおいて28万人弱のコレラ患者の発生があり2,664人が死亡、その後の3年間で約1万人が死亡するという集団発生が起こりました。現代社会で一体何があったのでしょうか。これはペルー政府が、飲み水の塩素消毒で発がん性物質（トリハロメタン類）ができるという話におびえ、塩素殺菌をやめたことが原因とされています（林、2004a）。

確かに、水道水の塩素処理によって発がん性のトリハロメタンなどが発生しますが、濃度から考えると、一生飲み続けてもほとんど問題はないレベルです。

病原菌に対する塩素殺菌の効果はペルーの例を見るまでもなく顕著です。日本の水系経口感染症の発症と上下水道の整備との関連を見ても、上下水道の整備だけでなく、やはり1945年から本格的に導入された塩素消毒による効果が大きかったことが述べられています（林、2004b）。

しかし塩素殺菌が万能ではない例も現れてきました。1996年に埼玉県越生町で発生した集団下痢症は、人口1万3800人中9000人以上が体調異常を起こしました。その原因は水道水中に存在した原虫クリプトスポリジウムでした。この原虫は1976年にアメリカで発見された後、世界各地で見つかっています。集団下痢症は家畜などの糞便が水道の原水に紛れ込んだためといわれています。この原虫は塩素では殺せず、対策は加熱のみといわれます。また一般的にはこの原虫が原因で体調を崩すのは主として免疫力の弱い人であるともいわれています。日本で発症したのは日本人の清潔志向が過度に高くなってしまい、結果として免疫力の低下を引き起こしたのが遠因ではないかと考えられています（藤田、1997）。

問題の原虫は「オーシスト」と呼ばれる酸化に強い膜に覆われて水中を

漂うため、浄水場でろ過処理することで除去する手法も最近は取り入れられているということです。一方で、過度の清潔志向にも注意を払う必要があるように思われます。

⑤　レ・ミゼラブルの舞台にもなったパリの下水道———

ヨーロッパの下水道に話を戻しますと、1862年出版されたドクトル・ユーゴの大河小説『レ・ミゼラブル』の第5部第2編「怪物の腸」に「パリは年に 2,500 万フランの金を下水道に投じている」という文章が出てきます（應和編、2005a）。

1855年のパリ市では163kmの下水道渠が構築されていました。その整備され出した下水道を、1957年公開の映画では、名優ジャン・ギャバンが扮する主人公ジャン・ヴァルジャンがたった一本のパンを盗んだことがもとで逃げまどいます。

しかし、この物語の舞台になったパリの下水道も、さらにはロンドンの下水道も、集められた屎尿は処理されずにそのまま流されるばかりでした。それを利用するなどとは考えてもいなかった時代に、小説の中ではパリはもったいないことをしていると書かれています。なぜ「大金を下水道に投じている」と書かれたのでしょうか。

著者のユーゴはドイツの化学者リービッヒから、日本や中国で行われている糞尿を肥料（下肥）にして利用する話を聞いていました。江戸を含めての下肥（「金肥」とも呼ばれました）の利用の知識も得たことで、このような内容になったものと思われます。

⑥　ユストゥス・フォン・リービッヒの業績———

リービッヒはドイツの有機化学者で、1822年にはパリのソルボンヌ大学に留学しました。帰国後、ドイツの化学教育の刷新を図り、それがドイツの科学の発展にも繋がることになりました。その後彼は農学、生理学の分野へも研究の幅を広げ、19世紀後半から20世紀初めにかけては有機化学及び生物化学の発展に指導的な役割を果たす化学者を多数輩出しました。門下の研究者は、ノーベル賞受賞者だけでも40名を超えています（廣田、2003）。

彼は1816年からのヨーロッパ大飢饉を実際に経験しています。そのためか農業の分野にも研究の幅を広げ、今でいう植物の三大栄養素（窒素、リン酸、カリウム）を見出し、「無機栄養説」を確立して化学肥料の作出にも貢献しました。また、植物の生育に対して「最小養分律」なる考えを提唱しました。つまり生育に必要な成分や環境因子は、1つでも欠けるとその作物の収量はそれ以外の成分が十分存在していても、欠けた成分のために、制限、律速されてしまうという説です。これは今につながる植物肥料に関する発見です。また、『化学の農業および生理学への応用』などの著書にもそれらの研究の成果をまとめ、「農芸化学の父」とも呼ばれています（松中、2003）。

無機栄養があれば植物は十分に育ちますが、その供給は近代農業で使用される化学肥料だけではありません。古くから利用されてきた有機性肥料も微生物や小動物によって分解されて、主として無機物となって肥料になります。動物の屎尿もそのような有機物のうちの1つです。当時のイギリスは海鳥の糞であるグアノを南米から大量に輸入して肥料として使用していました。その一方、大量のヒトの屎尿は下水で海に流して捨てるだけでした。グアノが重宝されるなら人糞も下肥として利用できるはずであり、現に日本においてはヒトの屎尿を下肥として利用してきたわけです。その歴史と実態を知ったリービッヒは、今からほぼ200年も前に、その方式を循環型農業として指摘していました（中村、1995）。

既にⅢ－(1) 項で述べたドイツのマロンが記述した文に、「日本における唯一の肥料製造者は人間であって、その貯蔵、調整、施用に細心の注意が払われており、イギリスよりも小さな国なのにイギリスより人口が多く、生産量が多い」というくだりがあります。この報告を見たリービッヒも自らの著書にこのことを紹介し、高く評価しています（粕淵、2010）。このような背景があって、地下水汚染や環境汚染を防ぐために作られた当時の下水道を物質循環の破壊者と批判するフランスの「レ・ミゼラブル」の文章につながることになるのです。

最近では、植物は無機物質だけではなく、分子量の小さい、アミノ酸、ペプチドや核酸などの有機物がそのまま根から吸収されることも多くの実験例から実証されるようになりました。論争当時の有機栄養説とは異なる観点で注目されています（西尾、1997；小祝、2005など多数）。

次に日本で排泄物を捨てることなく金肥として利用してきた歴史を紐解いていくことにしましょう。

【コラム4．夏の季語、コレラ船】

「コレラ船」とは外国航路の船舶で船内にコレラ患者が出て、入港を止められ、沖に停泊している船を指します。これは、俳句では夏の季語になっています。コレラ流行地からの船では時々患者が発生し、港に留め置かれ、「コレラ船」になりました。

日本では太平洋戦争終了後、外地から引き揚げる人たちを乗せた船でコレラが発生し、祖国を目の前にして40日間も留め置かれたとのことです。この間に新たに患者が発生するとさらにその期間が延びるということで、引揚者は船内で戦々恐々と日々を送りました。その間、死者も多数出ました。1946年（昭和21年）4月の1か月弱で、浦賀に入港した24隻の引揚げ船のうち19隻から患者が出たと記録に残っています。

引揚者ということで体力も低下しているうえに船内の便所の衛生設備も悪く、港に到着しても敗戦直後の混乱の中、検疫もままならなかったようです（山本、1982）。

その後も多くの港でコレラ船は散発しました。

Ⅳ－(4)．屎尿を下肥に、その利用で野菜が美味に

①　京野菜、江戸の野菜のおいしさの秘密―――

京野菜は美味しいといわれます。確かに京都にはミズナや賀茂ナス、聖護院大根など全国的にも名の知られた美味な野菜がたくさんあり今に伝承されています。なぜ京野菜は美味しいのでしょうか？　風土に合わせて栽培されたからといわれることもありますが、それらの野菜の原産

地はどれも京都ではないこともあり、理由はそればかりではないでしょう。

京都には1000年もの間都が置かれていたので、都の人たちが生活を営んだ後の排せつ物が都の北の地で下肥にされ、それを土に入れることで肥沃な土壌が作られ、そのような土地で生産されるので野菜は美味しくなったといわれます。

一方、江戸の野菜も千住ネギ、練馬大根、小松菜（江戸川区小松川にて栽培）など美味しいものが多く、今は全国区で食されています。やはり江戸も当時の大名や町人の生活後の排せつ物が金肥として売買され、専用の荷車や船で運ばれるなどして農地を豊かにしたといわれます。

落語にも出てくる話として、江戸の長屋では店子の家賃が滞っても大家はあまり気にもせず、催促もしなかったといわれます。その理由は、長屋の共同便所の屎尿が大家の専有物とされ、農家は大家から買い取る仕組みになっていたため、その収入が大家の年収の半分にもなったからとのことです。

江戸時代に屎尿を運んだオケの実物大模型が、江戸東京博物館に展示されています。天秤棒で担ぎ上げるとその重さが伝わってきます。それを運ぶ人夫や、馬の上でふんぞり返って横柄な態度で街中を闊歩して運ぶ人の絵も残されています。ごく最近までそのような姿は日常的に目にされたものでした。

その後、バキュームカーが普及して屎尿を集めるようになりましたが、集めたものを運ぶのがこれまた大変でした。東京都は、増え続ける屎尿を運ぶため、合併前の西武鉄道・武蔵野鉄道や東武鉄道に委託して専用貨車を用いて切り抜けました。住民からはからかい半分で「黄金列車」などと揶揄されていました。

仙台では1955（昭和30）年になっても汲み取った屎尿桶を荷車に積んだ馬車が町中を闊歩していました。米軍が進駐していた頃は「ハニーバケッツ・ワゴン」との愛称がつけられていたということです。いかにもいい得て妙なネーミングです（アーカイブス出版編集部編、2007）。

② 汲み取りの価格差5倍は実質的なのか？――

江戸に話を戻すと、汲み取った糞尿の価格にランクがつけられていました。品質において大名屋敷の厠の分が一番高く、次いで武家屋敷、商売人、町人長屋と続き、最低のランクは牢屋のトイレからのもので、その価格差は5倍もあったとのことです。江戸は価値のあるものはとことん使い切る再利用・リサイクルの社会であったので、価格差は理にかなった値であったはずですが、実際はどうだったのでしょうか。

当時の下肥の分析結果のデータはありませんが、明治時代の1881（明治14）年に来日したお抱え外国人教師のケルネルが、当時としては恵まれた食生活を送っていたと思われる兵士や学生と農民との糞尿の下肥の組成を調べた結果が残されています。これを農学者の高橋英一氏が著書で表にまとめています（高橋、1995）。兵士と学生の糞尿の窒素、リン酸、カリウムの値は当時のヨーロッパの人たちとほぼ同じですが、農民の窒素分は兵士・学生の69%、リン酸分も60%と少なく、農民はたんぱく質の摂取が少なかったことが見て取れます。しかし、このデータを見る限りは「価格差5倍」のような大きな差は見られません。農民のカリウムの濃度が兵士・学生よりも1.4倍と高く（野菜を多く摂取していたためと思われます）、食塩摂取も1.4倍と多いこともうかがえ、当時の農民は貧しい食生活であったことがわかります。

しかし、Harperらは表-2のようにヒト24時間の尿中の窒素化合物の値を分析し、低たんぱく質食の人と高タンパク質食の人の間でアンモニア、尿素の量に差があり、全窒素の量では5.4倍の差があることを示しています（森、1991）。

表-2　ヒト24時間の尿中における窒素化合物

	尿中窒素（g）					
	全窒素	尿素	アンモニア	クレアチニン	尿酸	未決定窒素
低たんぱく食	4.30	2.90	0.17	0.60	0.11	0.52
普通食	13.20	11.36	0.40	0.61	0.21	0.62
高たんぱく食	23.28	20.45	0.82	0.64	0.30	1.07

出典；森正敬，『未来の生物科学シリーズ 24、生体の窒素の旅』，p.3，1991年

植物の三大栄養素のうち特に生育に重要なのは窒素分であることから、前述の「価格差5倍」は妥当な値であったと驚かされます。牢屋の食事と大名の食事をこれに置き換えてみますと“さもありなん”と納得がいくところです。

③　江戸では無用、京都では担桶を出し？―――

中世の京の町家の区画図は共同トイレが書かれているとすでに述べましたが、江戸時代になると区画内ではなく町中に桶を出すようになりました。「江戸では無用、京都では担桶を出し」の川柳のように、京都や大阪では、用を足す担桶(桶)が今でいう公衆トイレのように町中に置かれていました。溜まると畑に持って行って下肥にして野菜を作り、その野菜を桶の置かれていたところに還元して料理に使うというサイクルができていたとのことです。

織田作之助の『夫婦善哉』に出てくる大阪ミナミの法善寺横丁の「正弁丹吾亭」は今につながる割烹です。店名はまさしく“小便坦桶”に由来するとのことで、上で述べた方式が行われていた名残を思わせる名前ですが、漢字を変えて今もお店は繁盛しているようです。

このように桶を道路に出して小便を集めるのは日本だけかと思っていましたが、古い時代のローマ市の洗濯業者も市中の繁華な場所に桶を置いて通行人の小便を集めていたそうです。その目的は肥料ではなく、人尿からアンモニアを得るためでした。当時ヨーロッパでは衣類の原料となる羊毛の油分を除く際、その洗剤として天然の炭酸ナトリウム以外にアンモニアと灰汁が使われていました。洗剤となるアンモニアは、人尿から得ていたということのようです(黒沢、1982)。

④　下肥の利用は仏教伝来とともに―――

以上のように日本では古くから屎尿を下肥として利用してきました。利用する技術は仏教伝来と共に奈良時代に大陸から入ってきたといわれています。

汚物をきちんと処理・利用することは、環境や資源面だけでなく、感染症の蔓延を低減するという衛生面での意味合いもありました。当時の日本は非常に清潔な都市空間だったことが伺え、ヨーロッパからは驚きの目で見られたことが納得されます。しかし、江戸時代の生活を振り返るに、当時江戸の庶民に環境を意識し、重視するなどの考えがあったわけではないはずです。はたまた、幕府からの方針でそのような社会の仕組みができたわけでもないでしょう。実際は、否応なしにそのような生活様式に押し込められた人々による生き抜くための知恵から始まった方式だったのでしょう。それでも、今に通じる生活空間を清潔にする環境意識の考え方、もったいないと物を大事に有効活用するリサイクルの意識がそこには見て取れます。

当時のヨーロッパは、環境問題に関する限りは日本より遅れていたように見えます。しかし、日本とは全く異なる社会、さらに異なる産業などが出来上がりつつありました。

Ⅴ．環境問題を考慮する必要のなかった経済重視の発展の時代

Ⅴ－(1)．日本が鎖国をしていた頃の世界の産業

① エネルギー使用の変遷――

日本がまだ鎖国をしていた1760年代、イギリスでは繊維産業から産業革命が起こりました。農業に従事していた人たちが副業として家内工業的な繊維工業を行うようになったのです。数十年の間にそれが機械化され、工場システムに変容し、毛織物から綿織物に変化しました。それに伴い都市部が拡張し、人口も増え、農業から工業へと社会構造が変遷していきました。

その頃のヨーロッパ各国は競って南米・アフリカ・アジアの国々を植民地化し、工業の原材料(鉱石、木材、穀物、石炭、土地)を各地から大量に調達していました。その結果として大量生産・大量消費の社会が出来上がってきたことになります。

それらを成し遂げたエネルギーは何だったのでしょうか？　当初は薪などの木材がそのまま利用されました。中世から近世にかけて、ヨー

ロッパの森はまずは造船のために、次いで狩猟や放牧のために乱伐されてきましたが、その後は産業を支えるエネルギーとしてそれまでとは比べ物にならないほどの伐採が行われ、木材資源の枯渇を招いてしまいました。その後、エネルギー密度が低いことやその利便性が悪いことなどから木材は木炭に代わり、これまた大量に使用されました。

② 第一次の自然破壊、環境破壊———

原料となる木材が切り倒された後の土地は、イギリスなどではそのまま放置されました。日本が行ってきたような植林は行われなかったのです。従って森林がなくなってしまい、現在のような放牧を主とする草原の景観が出来上がったことになります。今に連なる自然破壊(環境破壊)の第一次がこの頃に起こったと考えられています(J.Radkau著、山縣訳、2013)。

20世紀初頭にかけては石炭を用いる時代が到来します。イギリスでは枯渇した木材資源から石炭への燃料革命が産業革命の引き金にもなりましたし、以下に述べるように文明の変遷にもつながりました。また石炭はエネルギーだけでなく合成染料や化学薬品などを生産する原料としても利用され、石炭化学の発展の一時代が築かれました。しかし、石炭には貯蔵や移送が不便である上、排煙や燃えかすの問題など欠点もありました。

③ 木材から石炭、その後の石油へ———

石炭はイギリス市民の煮炊きや暖房の燃料にも使われるようになりました。都市では工業化が進み、都市への人口増加に伴って大気汚染が拡大し、1850年頃からスモッグによる病人や死者がその後の100年間にわたり慢性的に発生するようになりました。

そのような状況を受け、石炭は、次第に採掘技術が確立してきた石油(原油)やそれに付随する天然ガスにその地位を譲ることになります。原油はエネルギー利用以外にも、一大産業に発展した石油化学工業の原料としての役割も大きく、アメリカやヨーロッパの工業国、少し遅れて日本において急速にその産業が発展しました。

それに伴い経済も驚く程のスピードで発展し、現在の文明社会が形成されることになります。20世紀の多くの産業が石油に依存して発展したことは論をまたないでしょう。

④　その後のエネルギーは―――

しかし石油にも問題がありました。化石燃料であり枯渇する心配があることや、使用により温暖化ガスが発生することなどです。その代替えとして次は核エネルギーの利用が注目されるようになりました。現在、多くの原子力発電所が可動するようになりましたが、発電所での事故も起こっていますし、放射線を長期間発生し続ける廃棄物の処理の有効な手段、さらには保管場所の確保が不整備であることなどが問題となっています。また、当初は発電コストが低いといわれて導入された原子力発電も、事故の問題や核燃料廃棄物の処理の問題、さらに廃炉にするにしても何十年もかかることを考えると、コストとしては必ずしも低いわけではなく、見直しの機運も高まりつつあります。

それらに変わるエネルギー源として自然エネルギーや再生可能エネルギーの利用に注目が集まっていますが、多くのブレークスルーが待たれているのも事実です。樹葉や剪定枝などのセルロースをその構造ユニットであるグルコースにしてアルコール発酵に供する研究は、再生可能エネルギーの中でも今は見捨てられているバイオマスを利用する1つの方法です。強固なグルコシド結合を加水分解する過程をどのようにクリアするかが難問で、シロアリや木材腐朽菌などからの特殊な酵素の探索や、それら酵素の遺伝子を組み換えるなどしてその機能向上に努めているところです。今後はこのようなバイオテクノロジーの研究も重要になると思われ、遺伝子資源を利用する文明が進展することに期待したいところです。

Ⅴ－(2). 環境破壊を防ぐ樹木の働き

①　その驚くべき働き、森は自然のダム―――

森林が切り倒され自然破壊云々と上で記しましたが、木が無くなったくらいで破壊とは大げさと思われるでしょうか？　ここで、1本の樹木が目に見えないところで大きな働きをしている事実をケヤキの木を例にして見てみたいと思います。

地上1.5mの部分の直径が30cmのケヤキの場合、1本あたりの二酸化炭素の吸収量は年間1万5,000ℓにもなり、代わりに1万5,000ℓの酸素を吐き出してくれる計算になるといわれます。(小林ら、1995)。

根から吸い上げる水は約3tにもなるといわれます。これが1本ではなく林や、森、森林とまとまると土中から吸水する水はかなりの量になることがわかります。日本の原生林として残っているブナの木は、雨が降ると雨水が樹幹を滝のように伝わって流れ下る様子を映像として見る機会がありますが、1本のブナの木は8tの水を貯えるといわれます。縄文人たちがブナの森を狩猟採集の文化として守り、その自然の恵みに支えられていたことが理解されますし、そのことが現代でも我々の暮らしを支えてくれていることがよくわかります(原、2009a)。

また、森に降った雨水のおよそ2/3は樹木や土壌に保水され、いずれ川に流れていきます。このため「森林は自然のダム」であるともいわれます。山に森のような樹木がなければ、人工のダムは雨が降るたびに数日であふれ出すともいわれる所以です(北野、1995)。

自然のダムの機能が発揮されるためには、林の中の低木や下草などが育ち、地面がそれらで覆われるような環境が整っていることが必要です。地面がむき出しで硬くなっていると雨水が土中に浸みこむことができず、ダムの機能も十分発揮できないことになります。

樹木の役割は、酸素の生成や水の吸収および保水の効果以外にも、光合成で二酸化炭素を固定することが挙げられます。その炭素量をデンプンに換算しますと前述のケヤキ1本当たり16kgにもなることがわかっています。後述するように、この素晴らしい植物の光合成能力を活用する再生可能エネルギーが注目されていることが頷けます(小林ら、1995)。

光合成の生成物のかなりの部分は木材の幹が太ることに費やされますが、それ以外に果実や落葉、さらに枝打ちされたものにも固定されます。自然界においてそのような落葉や枝打ちされた生成物はいずれ微生物などによって分解され、次の動植物のエサや肥料となって生命体に戻ってくることになります。

② 森は海の恋人、森は海のおふくろ――

宮城県の気仙沼湾で行われている「森は海の恋人」運動は、禿山に近かった山に落葉樹を植林して森を育てる活動です。始めてから30年以上も経ち、植林した多くの木が森に成長したことで、枯れていた小川に沢水も流れはじめ、ヤマメなどの魚も泳ぐようになりました。

樹木は葉を地面に落とします。それはいずれ腐葉土になりますし、地中に張り巡らされた根からは光合成された養分が浸出します。実際、葉で同化した炭素の20～50%もが根に移行し、その3～11%もの量が根から根圏に分泌され、根のまわりに存在する菌根菌と呼ばれる微生物などに与えられるといわれます。根圏に存在する菌根菌などは、それを分解・代謝して逆に樹木に必要な養分を与えるという共生関係が存在していることが多くの研究者によって報告されています（土壌微生物研究会編、1997）。

実際、1年間に土に入る窒素量から樹林を見ると、針葉樹林では年間20～25kg /haであるのに対し広葉樹林は70～75kg /haと効果が大きいことがわかります。樹木ではありませんが草地はさらに大きく150～200 kg /haとなるといわれます。しかし、保水という観点では草地は樹木にかなわず、禿山をよみがえらせるには広葉樹の植林が必要であることがわかります（土の世界編集グループ編、1998）。

ちなみに日本における水田への窒素肥料の施用量は現在約100kg /ha/年です。山や森林地帯では、これに匹敵する窒素量が樹林から供給されています。山の樹木から得られる種々の栄養物が雨や湧き水によって川に流れ出て、湾に流れ込むことで豊かな漁場が出来上がるといわれます。

また、林ができると降り積もる落葉の量は、年間1ha当たり1tから数tになると見積もられています（大政、1977）。これらはいずれ腐葉土となり、窒素分の供給だけではなく腐植物質をも作出します。その腐植物質から得られる可溶性のフルボ酸は、土中の二価の鉄を抱き込んだ（キレート化した）フルボ酸鉄として鉄分を海に供給します。

鉄は一般に三価の酸化鉄が安定ですが、酸化還元反応が比較的容易に起こる元素です。従って、土中で部分的に嫌気状態になったところでは可溶性の二価鉄に還元されます。これが腐植から生じるフルボ酸と結合した状態になり、ほとんどの植物はこの鉄分を吸収して利用します。それと同時に、このフルボ酸鉄は水に溶けて川から海に流れることになります。

ちなみに不溶性の酸化第二鉄を利用できるのはイネ科の植物だけで、根から特殊な物質（「ムギネ酸類」と呼ばれるキレーター）を分泌して三価鉄を可溶化し、吸収して利用しています。

このようにして海に流れ込んだフルボ酸鉄を利用して植物プランクトンが増え、栄養豊かな海になることが学問的にも裏付けられてきています。「森は海の恋人」運動により、海の環境が良くなり海藻も増えることで美味しい魚介類が収穫できており、里山に対して里海なる言葉も生まれています。フランスでは「森は海のおふくろである」ともいわれていますし、スペインでは「森は海のママ」ともいわれています（畠山、2011a）。また、場所によっては「魚付き林」ともいわれます（以下の③、④参照）（松永、2010a）。

③　三陸沖の好漁場を支えるアムール川の鉄———

三陸沖は世界三大漁場の1つです。この海に植物プランクトンの増殖につながる鉄を供給しているのは中国大陸から飛んでくる黄砂であるということが海洋化学者のジョン・マーチンの研究によって明らかにされ、1975年頃にはそれが通説になっていました。

しかし、プランクトンは黄砂が飛んでくる春先よりも前に大発生していることが分かり、黄砂以外に別の要因があるのではないかと考えられるようになりました。その原因を突き止めるために日本、ロシア、中国による共同研究「巨大魚付林プロジェクト」が2005年に発足しました。その結果、モンゴル高原を源とし、ロシアや中国の国境を流れてオホーツク海に流れ込むアムール川から鉄分がもたらされる事がわかりました。

アムール川の中流域の河川水には沖合の海水のほぼ100万倍もの濃度の鉄が溶けていたという分析結果も出されており、湿原がフルボ酸鉄の宝庫であり、三陸沖の好漁場は腐葉土によってもたらされるフルボ酸の大きな働きがあっての賜物である事が証明されたわけです（畠山、2011b）。

④　北海道襟裳岬にみる植林の効果、魚付き林――――

北海道の襟裳岬一帯は、明治時代以降になると本州からの入植者が増え、建材や燃料として森林が伐採され放牧地として開拓されたため一帯が砂漠化してしまいました。その結果、風や雨によって土砂が海に流され泥になりました。この影響により、周辺に住み着き「根付き魚」とも呼ばれていたアイナメ・カサゴ・メバルなどの魚は死滅し、コンブも根腐れを起こし、豊富だったサケ・マスも姿を消してしまいました。

地元のコンブ漁師たちは、強風や寒さに立ち向かいながら半世紀にわたって試行錯誤を重ね、1953（昭和28）年から植林を始めてクロマツ林を育て上げました。北海道森林管理局日高南部森林管理署発表の資料（図-6）を見ると、昭和28年には水揚げ高がゼロに近くなっていた漁獲が、木本の緑化面積が増えるに従って増加し、豊穣な海・漁場が戻りつつあることがわかります。完全に元に戻るには数百年はかかるといわれてはいますが、素晴らしい復活といえます（松永、2010b）。

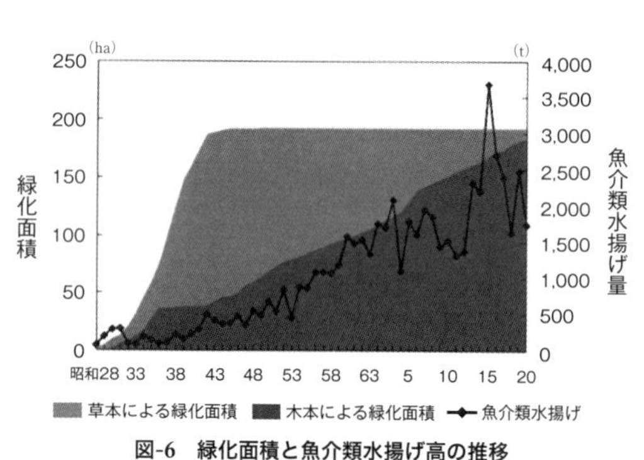

図-6　緑化面積と魚介類水揚げ高の推移

出展；北海道森林管理局日高南部森林管理局の資料

しかし、このデータからは、草本による緑化だけでは漁獲高の増加には結び付かないこともわかります。これは上の②で見たように、草地では水の保水には結びつかない事実と合致しているように思われます。

魚類の繁殖や保護を目的とした森林は“魚付き林”などと呼ばれ、魚群を集めるために海岸沿いに作られ、伐採を制限したり禁止したりして大事にされてきました（鈴木、2011）。この襟裳岬におけるプロジェクトはNHKでも報道され、大きな反響を呼びました。

近年、京都大学の田中克名誉教授を中心に「森里海連環学」なる学問が立ち上がっています。降った雨が森を育み、里を潤し、続いて豊かな海の生産を支え、さらに人のつながりまでをも形成すると考えられたプロジェクトです（田中編、2017）。国土の再生に繋がる学問の創生と評価され、今後に期待したいと思います。

Ⅴ－(3). 石油に支えられた膨張の時代、20世紀後半世紀

① GDPの伸び率と石油の消費量との関係―――

エネルギーから見た文明の変遷（Ⅴ－(1)）で見たように、20世紀後半の半世紀は石油資源に支えられて経済が発展した大量生産・大量消費の時代でした。

既に見たように、石油はエネルギーだけでなく医薬品をはじめ多くの日用品やライフラインまでをも支える産業の原材料として利用されています。天然繊維や木材の利用から合成繊維や合成樹脂の利用へと転換した原料としても使われていますし、ブラジルや東南アジアでしか得られなかった天然ゴムの利用から合成ゴムの合成原料などとしても利用が拡大しています。石油は現代社会の基幹原料となり、社会はいわゆる膨張の時代へと突入しました。

時代は「成長こそあらゆる社会の矛盾を解決してくれる、人々を飢えや貧困から救う唯一の道は経済を発展させることしかない」と突き進んできました。そのことは1950年から2000年の50年間の経済規模を示す世界の国内総生産（GDP）の伸び率が8.1倍となったこと、そしてその間の石油の消費量の伸び率が7.3倍とほぼ同一であることからも読み取れます（三橋編、2008a）。

② 食料生産の伸び率は作付面積の増加によるものではない―――

世界の米や小麦の50年間の生産量の伸び率は、それぞれ4倍から4.1

倍に増えています（三橋編、2008a)。しかし、この増加はどちらも作付面積の増加ではなく、品種改良による高収穫品種の導入や、肥料や農薬などの使用、さらに灌漑施設の普及などによって単位面積あたりの作物の収量（単収）が増加した結果であるといわれます（原、2009b)。1961年から2002年までの世界の穀物収穫面積は、全く変化がありません。しかし単収はこの間直線的に2.3倍に増加しています（應和編、2005b)。この収量の増加も、石油に依存した肥料、農薬、種々の農作業補助用品や機械の導入などが開発され普及したおかげと思われます。

経済が発展するに伴い、世界の人口も1950年から2000年で2.4倍に増加し、現在は77億人にもなっています。この人口増は発展途上国で貧困や各種の格差の問題を生み出しており、今後解決しなければならない大きな課題でもあると思われます。

Ⅵ. 環境が注目されだした時代

Ⅵ－(1). 公害、廃棄物、資源などに関する国連などの提言

① 公害規制の強化から始まり、
資源の利用に関しての配慮への提言へ―――

大量消費があればそれに続いて大量廃棄が起こることは明らかです。産業の膨張に伴い、公害や廃棄物処理に関する問題は地球規模で考えなければならない問題になってきました。1987年に「公害規制の強化、資源の効率的利用、廃棄の削減、再生可能資源の利用を」という提言が国連からなされました。文言では資源や廃棄物のことも触れられており、節度ある開発を目指す概念は現在も引き継がれているのはご承知のとおりですが、この時は公害規制の強化が最重点項目として議論されました。

その後、資源の利用に関する問題点の方へも視点が移り、5年後の1992年にリオ・サミットが開かれて温暖化対策などが議論されました。しかしその会議ではイニシアティブをとるリーダーがいなかったこともあり、何も決まらなかったと評価されています。さらにそこで、それま

での産業界が行ってきた「採り、作り、捨てる」という産業戦略について「経済的、環境的、倫理的な配慮をすべきである」との提言が採択され、その考えから“エコ効率”という言葉が登場した会議でもありました。

そのような提言があったにもかかわらず、そのまた5年後の1997年、バイオ化学分野の世界的企業であったモンサント社の会長ロバート、シャピロ氏が「私たちが無限と思っていたものに限界がある」と衝撃的な言葉を述べ、さらに「その限界に達しつつある」とまでいい切りました（W.McDonough & M.Braungart著、岡山ら監訳、2009a）。著者個人としてはその言葉に接したとき、その当時まで世界をリードしてきた企業のトップが資源を無限と思って経営にあたっていたことに驚きを隠せませんでした。

②　ミレニアム開発目標（MDGs）から持続可能な開発（SDGs）へ――

一方、途上国の貧困対策に対して国連は、2001年に「ミレニアム開発目標（MDGs）」をまとめました。貧困・飢餓の撲滅や幼児死亡率の削減など8分野の目標について、2015年の達成期限までにそれなりの成果が出たと総括されました。

その総括結果を踏まえた後継目標として、2015年9月の国連総会で加盟国193が合意した「持続可能な開発目標（Sustainable Development Goals, SDGs）」が策定されました。限りある世界中の資源をいかに節約しつつ経済発展を続けるかという方向性が掲げられ、「持続可能な」という言葉が、言葉としてだけ（？）表舞台にやっと登場したことになりました。「やっと」と述べたのは、この著書の内容のベースになっている「限りある地球で生活するには資源などの持続性を考え、循環型の社会構造を作らなければ我々の社会は成り立たなくなる」という内容の言葉が、国際機関から文言として「やっと」出てきたと感激したからです。また「（？）」を付けたのは、似たような提言がすでに出されていたのに成果が出ていないために再登場したように著者自身が感じたためです。

③　SDGsの理念———

SDGsはまさに大規模な「プログラム」であり、「誰一人取り残さない」という大きな理念のもと、課題達成のための17の目標が掲げられています。

SDGsは、唯一無二のこの地球上で、人類とその他の生き物が未来にわたって持続可能な循環型社会を構築していけるようにするための目標と行動計画です。「誰一人取り残さない」という理念には、難民問題に果敢に取り組んだ元国連難民高等弁務官の緒方貞子さんの「人間の安全保障」という考え方が色濃く反映され、その思想がMDGsに繋がり、SDGsに発展したことになるそうです（朝日新聞、2019）。

難民問題以外にも貧困の問題も深刻です。2017年の世界人口の50%は1日610円以下の収入で生活を送り、10%は1日210円以下の収入で生活せざるを得ない状況とのことです。さらに15%は栄養失調に陥っているといわれます。貧富の格差も広がるばかりです。安全な水を飲めない人達が20%弱もおり、30%の人達はトイレのない生活を送り、10%の人達は習慣的に屋外での排泄をせざるを得ない生活とのことです。そのために1日800人以上の子どもが下痢性疾患で亡くなっているといわれます。これらの内容はアメリカの環境科学者ドネラ・メドウス教授が1990年に著した『State of the Village Report（村の現状報告）』という小文の中で「世界がもし1,000人の村だったら」に書かれたのが最初です。それが次いで「100人の村だったら」と内容も変わってインターネットを介して拡散し、加筆されたり削除されたり、その国の状況に合わせた内容に変わったりして広まりました。日本では2001年からマガジンハウス社よりシリーズで出版されていますが、それらの数字をここでは引用しました（池田、再話、C.ダグラス・ラミス対訳、2001；池田＋マガジンハウス編、2008）。

このような人達にも手を差し伸べて目的を達成してゴールを目指すのがSDGsです。17の目標の1番目に「貧困をなくそう」、2番目には「飢餓をゼロに」、3番目に「すべての人に健康と福祉を」などが掲げられ、続いて教育、ジェンダー平等、さらに安全な水とトイレの問題などが挙げられています。

このような中には我々にも関係することがあるはずですし、問題意識を持ち続け、そのような人達に少しでも寄り添い目標を達成したいものです。

④　取り組みが進みつつあるSDGsの活動―――

日本でも2017年3月に東京で、「SDGsに向けた資源・エネルギー効率性の向上」（日本貿易振興機構や世界銀行などが主催）という国際シンポジウムが開かれました。「製品増産するにも原材料の保全を図り、廃棄物を減らし将来に資源を残そう」「2050年の人口は92億人と推定され、60～70％の食料、40％のエネルギーが不足する」「発電、家畜飼育、食料増産に必要な水が2030年には40％不足するが持続可能な管理方法は？」などの話題が議論され、自国だけでなく他国の地球環境を勘案することが重要であると結ばれました。

国連なりその関連組織においての提言や目標が、それぞれの時代に即して、まずは公害問題、続いて廃棄物の問題や資源枯渇などに関する問題が議論の中心となり、次いで持続可能な、再生可能な資源の取り組みへと変化してきています。個人的には、今後はこれらを実行するために「循環型」というキーワードが重要視され、具体的な提言や実行に結びつく方向に進んでほしいものと思います。

この国連主導の目標に対する国民の理解や日本企業の取り組み具合は、残念ながらそう高くはありません。2017年の時点で「社内の理解度が低い」「社会的な認知が高まっていない」などの理由で、経営者層の認知度は28％、中間管理職では5％でしかなかったと報告されました（朝日新聞、2017）。しかし、最近では種々の場面で注目され、理解が急速に広まりつつあります。新聞紙上でも「SDGs」という言葉を頻繁に見るようになりましたし、17色のカラフルなバッジを服に付けている人も多く見られるようになりました。企業が取り組むべき具体的な取り組みも個々の目標に対して議論されており、今後の指針になります（ピーターD.ビー

ダーセン & 竹林編、2019)。現在日本の目標達成率はアジアでは1位とのことですが韓国に追い上げられているようです。

⑤ SDGsの達成に繋がる教育、ESD———

持続可能な開発のための教育ESD(Education for Sustainable Development)が2002年に国連で決議され、国際連合教育科学文化機関(ユネスコ)がその推進機関に指名されています。

日本でも文部科学省の新学習指導要領に盛り込まれ、学校の教育課題にも組み込まれるようになりました。教育現場において地球規模の多くの課題を自らの問題として捉え、一人ひとりが自分にできることを考え、実践していくことを身につけ、持続可能な社会づくりの担い手を育てることを目標にしています。ESDは方法や手法としてゴールを目指しつつあります。

【コラム5. エコという言葉の語源】

「エコ○○」という言葉が使われるようになってきましたが、「エコ」の語源は何でしょうか? それは、ギリシャ語の「OIKOS」という言葉で、「住みか」や「家(Home)」のことらしいのです。「エコノミー(経済学)」のエコも同じ言葉を語源としており、OIKOSと「NOMIA(管理・法)」で「家計を守る」という意味合いが濃いなどといわれます。「エコロジー(生態学)」はドイツのヘッケルによって提唱された言葉で「生物が環境に適合し、他の生物と調和を保ち生息する様」と定義されます。ここでの「エコ」は地球をHomeとみなして作られていると述べられています(山崎、2009)。

「エコ効率」なる造語が正式な用語として認められたのは1992年のリオデジャネイロ地球サミットの時です。経済界からの「持続可能な開発」について提言するため、「持続可能な発展のための世界経済人会議」が創設され、環境保全と経済発展に関する話し合いがなされました。この会議にはダウ、ジュポン、ジョンソン&ジョンソン、モンサント、スリーエムなど190もの企業のトップが35か国から参画して、「ビジネスがエコ効率を達成することなしに競争力を持つことは10年以内に不可能となるであろう。資源の利用と公害を抑制しながら企業の競争力を維持していくには商品やサービスに付加価値を加える事によって可能となるように変わって行くであろう」などと予言したといわれます。
　この予言からすでに25年以上も経ちましたが、予言は一部当たっているようでもあり、一部外れているようにも思われます。

Ⅵ－(2). エコ効率の手法としての3R、日本は3Rから4Rへ？あるいは2Rへ？

① 3R政策―――

エコ効率の手法として「3R」という政策が進められています。Rで始まる「Reduce（削減、発生抑制）」「Reuse（再利用）」「Recycle（リサイクル、再資源化）」の3つの単語の頭文字をとっての言葉として提唱されており、日本でもこの3Rを主体とした廃棄物の減量化政策をとっています。さらに、日本ではごみになるようなものはもらわないという「Refuse（拒否する））をプラスした「4R」に進むべきだとの政策も唱えられています。しかし、この最後のRはあまり浸透しておらず、「4R」への方向性は一般的ではないように思われます。

ところで、3Rの政策の中の「Recycle」は企業にとっては費用がかかります。また、そのために新たに処理を進めるにあたっては、有害な材料を加えなければならなくなる状況も多く出てきます。余計なコストやエネルギーを必要とし、有害物が発生する可能性も出てくる上に、再利用が重なれば徐々に品質が低下してしまうこともあります。

例えば、スチールはリサイクルする度に、銅、マンガン、クロームなどが不純物として混在するようになって品質が低下します。アルミニウムの再生に関しても、例えばビール缶などは胴体と上部とで種類の異なる2種類のアルミニウムが使用されているともいわれていましたので、一度に処理しようとするとやはり品質が低下します。このように資源をリサイクルするときに素材の価値が下がることを「ダウンサイクル」と呼んでいます。

② プラスチック類のリサイクル――

プラスチックに関してはどうでしょうか？　まず、種類が多いことに気づかされます。家庭からプラスチックごみとして廃棄する時に、それらに記入されている略号として「PE（ポリエチレン）」、「PP（ポリプロピレン）」、「PVC（ポリ塩化ビニル）」、「PS（ポリスチレン）」、「PET（ポリエチレンテレフタレート）」などが主に目につきます。これら以外にもまだ100種類ほどがプラスチック樹脂として生産され、使用されています。

これらの複数の素材が、使用後はすべて廃プラスチックになります。リサイクル方法としては、再生されるマテリアルリサイクルと、それぞれの組成まで分解して利用するケミカルリサイクルと、さらに燃焼して熱として利用するサーマルリサイクルとの3つの方法があります。

回収された細々した部材の素材を吟味・区別してマテリアルリサイクルすることは現実的には不可能に近く、実施されたとしても他の種類が混ざり品質が劣化してしまうダウンサイクルの著しい資源と考えられます。さらに、再生される製品の品質を高めようとすれば新たな化学薬品や余分な添加剤や鉱物を用いるようになりますので、別の問題が生じます。ケミカルリサイクルに関しても、種々の化学反応が必要になります。従って、全体の57％程度がサーマルリサイクルとなります。別の製品にリサイクルされる率は23％とのことですが、このうちの半分以上が海外に輸出されています。

しかし、リサイクル用プラスチックの最大の輸出国であった中国が2017年末に輸入禁止措置を採ったため、年間150万tの廃プラスチックが宙に浮いたかたちになっており、これらは次第に東南アジア諸国に輸出されるようになっています。

③ 海洋に流れ出たプラスチック――

廃プラスチックに関しては、海洋プラスチックが非常に長い時間をかけて紫外線や波の力で分解・微小化されて「マイクロプラスチック」などになり、それが海洋生物の生態系に影響を及ぼしています。マイクロプラスチックは、回りまわって我々の食卓にあがる海産物に濃縮されつつあります。2019年の主要20か国・地域首脳会議（G20大阪サミット）でも主要な議題として議論されましたが、今後世界中で解決しなければならない大きな課題と思われます。そのような動きの中、国内女性誌では初めて「FRaU」（講談社）がSDGs特集の第2弾として海洋プラスチック問題の現状や国内外の取り組みを特集しました。そこでは“海を愛する気持ち”が問題解決の原動力となると述べられています（FRaU、2019）。

ところで、2019年5月にはバーゼル条約の付属書が改正され、2021年から「汚れた廃プラ」の輸出入の規制が始まることになりました。日本も国内で資源循環なり適切に処理できる体制を作ることが叫ばれていますが、安易に便利に使用してきた各種プラスチックの使用量を減らすなど、我々一人ひとりによる日々の暮らしの見直しが必要ではないでしょうか。

④　紙類のリサイクル———

紙類のリサイクルでは漂白するための化学的加工が必要となり、処理後の排水の問題もあります。日常的には多くの場面で再生紙が利用され普及しているように思われますが、リサイクルが進むと繊維が短くなり強度が落ちるなど、バージンの素材に比べれば品質が劣化します。

紙においても再利用が重なれば、ダウンサイクルとして述べたように徐々に品質が低下してしまい、さらにコストも割高になってしまうと敬遠する向きもあります（W.McDonough & M.Braungart著、岡山ら監訳、2009b）。しかし、可能な限りは資源としてのパルプを大事に再生、使用したいものです。

⑤　2R政策———

上で述べたように、環境保護が企業にとって報われる選択ではなく、むしろ負担にしかなっていないという面も考えなければならない問題です（W.McDonough & M.Braungart著、岡山ら監訳、2009b）。

3R政策はごみを減らすことには直接結びついておらず、環境に良いかどうか疑問も呈されていることなどから、現在では優先順位の高い発生抑制（Reduce）と再利用（Reuse）の2R政策が基本ではないかとの提案も現れています。

しかし、この2R政策についても課題があります。優先順位は高いといってもReduceは削減、抑制するだけであり、環境破壊の進行速度を遅くすることはできても枯渇や破壊を食い止められるわけではないと懐疑的にいわれています。また、Reuseも廃棄物とそれに含まれる有害物や汚染物質は別の場所へ移されただけとも考えられ、場合によっては「お古を使う」という抵抗感もあるなどと、これまたトーンは低下してしまうようにもいわれています。

3Rにせよ2Rにせよ、これらを普遍的なものにしなければいけませんし、そのためには環境と経済が両立した循環型社会を形成していく必要があります。環境を破壊せず、ごみを減らし、次の発展につなげる重要な課題が込められているように思われます。

Ⅵ－(3). ごみに対する考え方

① 使用目的がなくなったときにごみになる――

ごみはもともとごみではなく、使用目的がなくなった時にごみとなるといわれます。また、「ごみ箱に捨てられるものはその製造や運搬の過程で使用された資源の約5%でしかなく、残りの95%はそれまでに既に廃棄物になっている」とも述べられており、資源の循環なり有効利用について注意が喚起されています（W.McDonough & M.Braungart著、岡山ら監訳、2009c）。

実際、化学製品に関しては、我々が手にし、目にする最終製品がいかに省エネルギーで利便性が高くとも、その製造過程で多くの有害廃棄物が発生したり、危険な反応試薬が使用されていては困ります。この考え方から、オランダのSheldonはそれぞれの化学製品においてその目的生成物と副生成物の重量比を計算しました。石油精製では無駄になる資源は製品の10%程度ですが、付加価値の高い製品群である医薬品や農薬などでは製品の100倍を超えることもあると述べています。ちなみに基礎化学品では1～5倍ですが、ファインケミカルでは5～50倍と見積もられています。

ただし、製品の生産量は大幅に異なります。油精製での生産量は10^6

～ 10^8 t であるのに対し、医薬品や農薬などでの生産量は 10 ～ 10^3 t ですので同一に議論することはできません。この無駄になる資源こそ、ここでいうところの「ごみ」とも考えられると彼は問題を提起しています。

② 真の意味で消費されるものは食べ物と飲み物だけ、
あとはごみとなる―――

マクダナーらは「真の意味で消費するものは食べ物と飲み物だけである」と述べています。さらに続けて「それ以外のものはどこかに捨てられるようにデザインされている、しかしその捨てるべきどこかは実際に存在するのか」と、我々が手にしているものも結局はごみになるとしており、その捨て場にまで言及しています（W.McDonough & M.Braungart著、岡山ら監訳、2009c）。

我々の身のまわりにあるものは、多くの工程を経て副生成物を発生しながら作られる製品です。日本古来の考え方の「もったいない」という意識を再認識することが必要でしょう。また、江戸の民衆が行ったように、最初の使用目的が無くなっても次の目的を見出して最後まで使いきり、ごみにならない、ごみにしない生活を目指したいものです。日本酒の瓶やビール瓶などのようなリタンナブルなユニバーサルデザインの製品の使用を、もっと推し進めることも必要ではないでしょうか。

「地球にやさしく」というエコマークの付けられた製品がドイツでは30年も前から販売されています。日本でも（財）日本環境協会が1989年からこのマークのラベル制度を設け、4,600種類もの厳選された製品に付けられているとのことです。しかし、両国とも消費者の関心は低いといわれています。購買者の直接的メリットが明らかでないことや、商品に新たな価値が見出しにくくそれまでの製品との差が余りないことなどが理由として挙げられています。

少々高くてもエコな製品、あるいは微生物によって分解可能な生分解性製品を購入するなどの消費者のリテラシーを高める必要もあるように思われます。

次にそれらの資源の問題について考えてみたいと思います。

Ⅶ．有限な資源　その循環を

Ⅶ－(1)．無尽蔵と思われた天然資源の使用から
人的、文化的資源の活用へ

初期の工業は、欠乏するとは想像もできなかった鉱石、木材、水、石炭さらに土地など自然の「資本」に頼って発展しました。それらの資源は当時無尽蔵と思われ、無限とも思われました。確かに当時の産業規模から考えれば、使用する資源は無尽蔵だったかもしれません。しかし産業が驚く程のスピードで発展した膨張の時代になると、偏在化している資源の限界も取り沙汰されるようになりました。このままでは全地球規模で考えても枯渇する可能性が考えられるので、注視しなければならないという事態も起こってきました。そのために、国連などではかなり以前からキーワードになってはいたものの現実味が乏しかった「再生可能な資源を利用する方向に向かうべきである」という考え方が、20世紀も最後になってやっと産業界のトップからも声高に言及されるようになったのです。

また、資源という言葉の定義も「人間の欲求を満たしてくれるものすべてであり、それらは生態系を構成し、物質循環システムが基礎となって機能している」とされるようになりました。既に見てきたように、これまで資源として考えられたもの以外に、「資本」「労働力」「技術」などのような人的、文化的資源もその中に含まれるべきであると資源に対する捉え方も変化してきました。(應和編、2005c)。

著者が学生の頃「石油はあと40年で枯渇する」と教わりました。それから60年近くも過ぎましたが、平成23年度版環境省白書では可採年数が46年となっています。このように伸びた理由は生産効率の向上以外に新しい油田の探索や発見です。しかし、いずれにしても長い年月かかって作り出された化石資源に限度があるのは間違いのない事実です。ちなみに同白書によりますと天然ガスの可採年数は63年、石炭のそれは119年と出ています。

また、2003（平成15）年発行の化学便覧には、元素の埋蔵量や生産量、

それに基づく耐用年数が示されています。発行された時点での推定埋蔵量やその時の生産量をもとにしたデータであり、経済的要因で大きく変動する値でもあります。また、新たに深海底などに資源を探索することも考えられます。従って、耐用年数、つまり地球からその元素の埋蔵が無くなるとの予想年数は流動的であります。

2011（平成23）年度の環境省の白書によると、その当時の値と比較して年数に変化のないものや増加したものがある一方、錫は37年から18年に、鉛は24年から20年に減少しています。また、この白書は非鉄金属のほとんどは2050年までに枯渇してしまうと警鐘をも鳴らしており、何らかの対策を取る必要を我々に突きつけているようにも思われます。

Ⅶ－(2). 代替えの効かないリン原子、資源の枯渇とその循環

①　我々の体も、排泄物もリン資源―――

半導体の素子がゲルマニウムからケイ素に代わり、また、多くの貴金属性の触媒が他の金属で代替えされて変化していく中で、代替えの効かない重要な有用元素があります。それは三大肥料の中の１つであるリン原子です。これを代替えする元素は他に存在しません。現在世界的に枯渇しつつあるといわれ、大きな問題となっています。

リン原子は我々の骨格には約1.4kg含まれており、エネルギー代謝の主役をなす元素でもあります。また、遺伝子、核酸の構成元素でもあり、生体を構成する重要な元素の１つで、種の保存を行うにも重要な役割を担っています。

それ故に植物にとっても肥料として必須の元素になっていることが頷けます。ということは動植物の体内や排泄物、枯死体にあまねく含まれていることになりますので、古くは動物の骨がリン酸肥料の原料として使われてきました。また、簡便には人間の小便、特に料理屋の便所（Ⅳ－(4) 項参照）の汚物には濃度が高いと考えられて原料として汲み取られ、用いられてきました。

次のグアノも鳥の糞に由来します。

② 海鳥の糞からのリン資源、グアノ――

世界の三大漁場の1つであるペルー沖で、海鳥の糞が長年積もってできた糞石（グアノ）が発見され、1803年にフンボルトによってヨーロッパに紹介されてから瞬く間に世界中で肥料として使用されることとなりました。

まず、魚を食べに集まった海鳥の糞が島に堆積します。糞中の窒素分は風化すると同時に少量の降雨で流されますが、リン酸が主となる部分は化石となって残り、糞石が生じます。これは「リン酸質海鳥グアノ」と呼ばれます。1851年頃から、太平洋、カリブ海に広がる島々から採掘されて輸出され、「グアノラッシュ」が72年間も続きました。1865年にはチリとペルーでその所有権をめぐっての「グアノ戦争」も起こっています。

これとほぼ同時に、コウモリの糞が堆積風化したコウモリグアノの大鉱床が洞窟などから発見され、有機質リン酸肥料として使用されました。こちらには腐植物質も含まれていたためにリン酸分が土壌中で有効に機能することで珍重されました。

リン酸肥料として長らくこれらの有機質系のグアノ類が使用されてきましたが、1888年にアメリカのフロリダでリン鉱石が発見されると、これが無機物のリン肥料として重宝されるようになりました。

その後同様のリン鉱石は中国、モロッコなど限られた国でしか産出しないことがわかり、その限られた国から世界中に輸出されてきました。しかし、それらの産出国でもその資源の希少価値が近年認識されるようになり、それぞれの国でリン鉱石を戦略物質（国防資源）と考えて輸出規制をするようになってきました。2001年以降アメリカからわが国へのリン鉱石の輸入はゼロとなってしまい、価格も高騰している状態です（高橋、2004a）。上記の国のリン鉱石は動物の骨の化石といわれています。

リン資源を保有しない日本を含め多くの国では対策に追われている状況です。国内では下水処理場や屎尿処理場の浄化槽汚泥からリン成分を回収するプロジェクトも始まっています。環境への廃棄にまかせてきたものを回収し、資源として取り戻す循環の輪の構築が現実のものとなっています。また、製鉄の原料の鉄鉱石に微量ではありますが含まれているリン原子を製鋼脱リンスラッグなどから回収するプロジェクトも動き出しています。

なお、グアノはインカ帝国を支えたと評価されていますが、ペルーやチリといった雨のほとんど降らない島では窒素分の硝石も豊富に含まれており、それら2つの成分が混合した肥料として「窒素質グアノ」として使用されています。

鳥の糞に窒素含量が多いのは尿が糞と共通の排泄穴から排泄されるからですが、我々の場合、窒素分は尿として排出しています。

③　アメリカのジェミニ及びマーキュリー宇宙飛行計画にも
　　グアノが使用―――

それらの窒素分を含むグアノは1960年代になってもアメリカのマーキュリー宇宙飛行計画時やその後のアポロ計画に至るまでに行われたジェミニ計画においても大量に買い付けられ、使用されました。その理由は、地球に帰還し、海洋への着水後にその位置を知らせるための無線送信機のアンテナを展開する発射薬として使われたということです(D.W.-Toews著、片岡訳、2014)。

グアノの窒素源が発射薬として使用された理由については後述します。

④　自然界でのリンの循環―――

ところで自然界においてリン元素はどのように循環しているのでしょうか？　マグマ鉱床などからが起源と思われますが、現在では生命活動に必須の元素として、植物、動物の間を循環しています。

リン元素は、リン肥料として使用されても水に溶けにくいので植物に利用されにくく、その上土壌への吸収(吸着)率も低いのでさらに余分の肥料を使用するようになります(リンの利用率向上に関してはXIの(4)参照)。そのため、土壌の下層に蓄積されるようになり、結果として海に流れて海底に沈積されてしまうといわれています(清水ら、2002)。

リンの逆循環については後述します。

Ⅶ－(3). 窒素資源の獲得、硝石栽培から空中窒素の固定まで

窒素分、硝石は火薬の原料でもあります。従って、織田信長やナポレオンも主として動物の廃棄物(汚物)から窒素分を得て爆薬を製造したことは有名であり、「硝石栽培」とも呼ばれてきました。

動物糞や堆肥には窒素肥料分が含まれていることを述べてきましたが、特に窒素分の多いカイコの糞や馬のはらわた、また牛の血液、さらにヒトや牛馬の糞尿などを原料にして微生物の作用で堆肥を作ると窒素分の多い堆肥が出来上がります。これはそもそも植物の肥料を作成するために行われてきたものです。しかし、堆肥中の窒素分(硝石)を横取りして爆薬に転用することもできるのです。

そのために、硝石が雨で流されないように、さらに植物が育ってそちらに横取りされないように、まずは光を遮断した暗い小屋を建てます。さらに分解バクテリアで分解されないように微生物の管理に注意して発酵を行い、窒素分を硝酸化します。そこに古い壁土などからカルシウム分を加えて硝酸カルシウムにし、その後木灰を加えて陽イオンをカリウムに変換し、硝酸カリウムを得ていました。

日本への鉄砲伝来は1543年ですが、その十数年後には「焔硝を作るから馬屋の土をよこせ」という毛利元就の書状が残されていて、戦国時代の武将は窒素源を得るのに必死だったことが伺えます。このようにしてできたものはまさしく爆薬の原料として使われました（黒澤、1984a)。

① 織田信長の場合———

これらは人に見つからないよう秘密裏に、隠れ里のようなところの囲炉裏の下などに穴を掘り囲炉裏の熱を使うことで作られ(栽培され)たりしていたことがよく知られています。信長もこのやり方で爆薬を手に入れていたようです。人里離れた土地で、カイコの糞や草、その他の廃棄物などの雑物を囲炉裏の下や床下などに積み上げ、人畜の尿をかけるなどして硝石を得て、裏取引を行って爆薬を入手していました。

さらに、新しもの好きの信長は堺の港のスペイン人の船に頼んでインドから硝石を購入して弾薬を豊富に備え、3,000丁もの鉄砲を備えて長篠

の戦いに臨みました。対する武田軍はたった500丁の鉄砲しか持っておらず、弾薬も多くなく、さしも勇壮な騎馬軍団の武田軍も負けてしまったとのことです（黒澤、1984b）。

②　ナポレオンの戦争―――

ヨーロッパでは砲兵あがりのナポレオンが牧畜の廃棄物を利用することで硝石栽培を行ない、砲弾を作成しました。完成した硝石が相手方の手に渡ったら大変なので、ナポレオンによる強権力の下、強い統制力によって実施してフランス軍の快進撃につなげたといわれます。他国は大砲を持っていても弾薬が乏しかったということです。

フランスに攻められたイギリスはそのような硝石栽培をする場所も暇もないので、当時の植民地であったインドで半年間続く乾季の間に栽培、購入してフランスとの戦争に耐えたという歴史があります。まさしくイギリスの国力の賜物であったのでしょう。

さしものナポレオンも冬将軍には勝てなかったといわれていますが、ヨーロッパの戦争の時には、紀元前からのつきものであった発疹チフスの疫病がまん延したのが敗退の原因ではないかとも考えられています。

③　チリ硝石の発見―――

ナポレオン没落後の1832年、南米チリと隣国のボリビアの砂漠で、後に「チリ硝石」と呼ばれるものが発見されました。採掘にあたっては資金力と船積みが可能なチリが圧倒的に有利であり、実績を積んでいました。しかし、ボリビアは納得せず、ペルーがボリビアに加担して戦争となってしまい、5年後にチリが勝利し「チリ硝石」となりました。その硝石は砂漠に轟いた雷の化石といわれています。現在でも雷の空中放電によって生じる硝酸の量は1ha当たり15kgにもなり、雷の多い年は豊作であるという農家の人たちのいい伝えがあるほどです。日本での落雷の回数は年間50万回とのことですが、空中放電の数はさらに多いことでしょう。

砂漠の真ん中の鉱床開発はイギリスの資本力と技術力によって砂漠に鉄道を引くなどして行われ、そのイギリスが新しい窒素源を手に入れることになりました。当時世界に覇権を広げていたイギリスの手に渡ったことで採掘が進み、世界中に輸出されるようになって簡便に窒素分が手に入るようになったのです。これによってチリの硝石産業は基幹産業となり、その後の40年間、その利益は国家の歳入の半分をしめ続けたということです（松中、2013）。

但し、チリ硝石は硝酸ナトリウムで吸湿性であります。従って、火薬には不向きです。しかし、ヨーロッパにおける岩塩製造の廃棄物である塩化カリウムと反応させて硝酸カリウムに転換して爆薬にも使用されました。

これまでのような汚い作業と時間を要する苦労をしなくとも、食料生産にも、また爆薬製造にも支障がなくなったことになり、この時代が長らく続くことになりました。

④　空中窒素の固定———

その後の第一次世界大戦でイギリスはドイツと戦火を交えます。イギリス軍はドイツに対して海上封鎖を行い、爆薬の窒素源でもあり植物の肥料でもあるチリ硝石の輸入を制限しました。

硝石、つまり窒素源が調達できないドイツ国内では、弾薬製造の原料も食料生産の肥料も入手困難となります。直に音を上げるであろうと思ったイギリスの戦略だったわけですが、ドイツはいつまでも戦い続けました。ドイツが音を上げなかった理由は戦争が続いている間は皆目わかりませんでした。戦争が終わった後、空中に無尽蔵にある窒素ガスを水素と反応させてアンモニアを合成するという、化学的には非常に起こりにくい反応を、ハーバーとボッシュという2人のドイツ人化学者が特殊な触媒と高温・高圧技術を使用して完成させていたことがわかりました。爆薬も肥料も当時の主原料であったチリ硝石を使わなくとも、そのアンモニアを酸化することによって得られる硝酸が使われていたことがわかったのです。

この特許は戦争戦利品として世界中に提供され今日に至っており、日本もこの方式で今でも窒素肥料を生産しています。

⑤　生物にとって死活問題だった窒素の獲得――

自然界における窒素の循環を見ると、まず植物から動物の体を経て、その後多くの生物的過程（微生物反応）の後、最終的に脱窒素細菌により窒素ガスになって空中に戻っていきます（脱窒）（服部、2010）。人間はこれを途中で横取りして爆薬にもしました。しかし実は植物にとっても動物にとっても全ての生物にとって窒素の獲得は常に死活問題であり、窒素源を如何に獲得するかで生活様式が異なっていたといわれます（橘、1975）。

それほど重要な窒素ですが、それまで空気中の窒素を固定(利用)できるのは根粒菌などの非常に特殊な微生物や稲光などの空中放電のみでした。しかし、このハーバー・ボッシュの方式で空中窒素を固定できるようになり、爆薬だけでなく民生的な食糧(料)増産にも生かされ、その後の人口増加にも繋がることになりました。

Ⅶ－(4)．海から山への窒素やリン原子の逆方向の流れ（逆循環）

地上の動植物をはじめすべての生物は生命活動のために有機物や無機物の栄養(食料)を必要とします。摂取後の排泄物(糞)や動物の遺体、さらに落ち葉などは、環境中の小動物や微生物により処理され分解されます。そのようにして処理されるものの中には、分解されにくく何十年もかかって腐植になるものもある一方、次の生命体の栄養物として速やかに取り込まれて代謝され、輪廻を繰り返すものもあります。そのように分解代謝されたものの一部は雨水に溶け出し次第に山から川へ、さらに川から海へと流れていきます。

山から一方的に流れてしまっているように思われるそれらの栄養物は海でプランクトンの発生につながり、それらを餌にして魚類が生育します。人類は漁業を通して海に流れた栄養物、とりわけ窒素分やリン酸分を山（陸・街）に戻してきました。

1989年世界の年間漁獲高は１億tです。これは乾物換算で3,000万tに相当すると考えますと、その中には300万tの窒素分、50万tのリン酸分が含まれている計算になります。これが窒素やリン酸を海から山(陸上)に戻す逆方向の流れと考えられ、我々の生活に利用されているのです(高橋、2004b)。

すでにⅦ－(2) 項で見たように、海の幸を満喫した鳥（ウ、ペリカン、カツオドリなど）の糞が堆積凝固したグアノは海に流されたリン酸分および一部窒素分が濃縮された塊として存在していると考えられます。それらを肥料として使うことは、それらの養分が陸地に戻される逆循環の1つとも考えられます。

もう少しローカルな、ささやかな逆循環の例が回遊魚です。河川で孵化したサケは海に出て数年後に成魚になって生まれ育った河川に回遊・回帰して来ますが、産卵後はその場所で生を閉じます。つまり、海に流れ下った栄養物(リン酸分、窒素分)を森の自然に戻す、資源の逆循環の一助を担っていることになります。

アメリカの湖や、カナダの湖や川によっては、この回遊魚によってリン酸分や窒素分のかなりの割合が供給されているところもあると報告されています（竹田、2006a)。

アラスカの森に生きる人たちの古いことわざに「サケが森を作る」というものがあるといわれますが、これは、産卵後のサケが川を流されながら、森の自然に栄養を与えていくことを述べています。

東京のカラスは海に近いところでえさを食べ、山の手のねぐらに戻って糞をします。これも見方によっては栄養物を上流側に戻す役目を担っていると考えられないでしょうか。

Ⅶー(5). 地上資源、都市鉱山

資源の中でも、銀や金などは地下の鉱脈に存在する量(地下資源)よりも、すでに発掘され我々の身の回りにある量(地上資源)の方が遙かに多いといわれます。独立行政法人物質・材料研究機構の「環境白書」平成24年版によると、銀や金、亜鉛などの70%はすでに地上に蓄積されていると推計されています（図-7)。

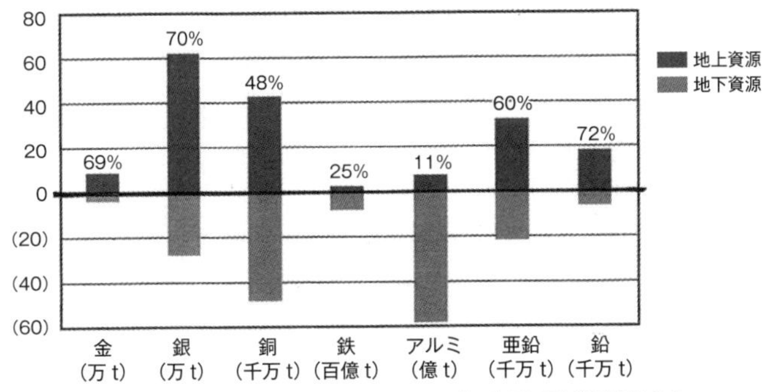

注）地上資源はこれまでに採掘された資源の累計量、地下資源は可採埋蔵量を示す。
（%値は地上資源比率）

図-7　主な金属の地上資源と地下資源の推計量

出典；『(独法）物質・材料研究機構，環境白書平成24年版』より

パソコン1台には金が0.28 g、銀が0.56 g、銅110 gも使用されているといわれますし、携帯電話にはアンテナにニッケルやチタン、発光ダイオードにガリウム、スピーカーにネオジウムやサマリウム、コバルトなど、さらにその他の金属や種々のレアメタルなどが使用されている(あるいは元素によっては使用されていた）といわれます。

IT関連で使用されている機器も同様であり、使用後はごみとなってしまいますが、資源回収の名のもとに回収されています。

その集まった資源の含有量は1個当たりでは少なくとも、まとまればそれらの金属を採掘したときの鉱石の濃度(純度)よりははるかに高濃度(高純度、高品位)であることから、この資源回収されたごみの集合体を“都市鉱山”と称しています。実際その“鉱山”から貴重な金属が回収されており、2020年に予定されていた東京オリンピックでの優勝メダルはこの回収資源ですべて賄うことが可能となったと報道されました。

また、同じく独立行政法人物質・材料研究機構の2008年のプレスリリースによりますと「世界の埋蔵量に対する日本の都市鉱山埋蔵量の比率」にしても、さらに、「世界の年間消費量に対する日本の都市鉱山埋蔵量」の割合にしても、日本はかなり高いことが読み取れます（表-3)。さらにその表で埋蔵量の国別順位を見ますと2種類の金属が1位であり、2

表-3　日本の都市鉱山の規模の推計

金　属	主な使用例	世界の埋蔵量に対する日本の都市鉱山埋蔵量の比率（%）	日本の都市鉱山埋蔵量／世界の年間消費量	埋蔵量の国別順位
アンチモン	液晶，難燃助材	19.13	3.1	3
銅	貨幣，銅線	8.06	2.5	2
金	電子部品	16.36	2.7	1
インジウム	液晶	61.05	3.8	2
鉛	電池	9.85	1.7	4
リチウム	電池	3.83	7.4	6
モリブデン	電気回路	2.69	1.3	6
白金	触媒，電極	3.59	5.7	3
銀	感光材料	22.42	3.1	1
タンタル	コンデンサー	10.41	3.5	3
スズ	染色工業	10.85	2.4	5
バナジウム	触媒，サーミスター	1.08	2.2	4
亜鉛	乾電池	6.36	1.4	6

出典；『（独法）物質・材料研究機構』の資料に加筆

位が銅とインジウムの2種類ですが、3位は3種類もあるという結果が出ています。実感があまり湧きませんが、日本に高品位の鉱山が出現したのと同じと考えることもでき、ある意味で日本はそれらの資源大国とも考えられます。

いずれにしてもすべての資源は有限であることは確かであり、使用済みの電子機器などは有効にリサイクルするなどして循環の輪に載せたいものです。

Ⅶ－（6）．現代社会の資源循環の問題点

①　環境と経済のトレードオフ（二律背反）――――

「リサイクル」や「リユース」などは、言葉の意味合い（キャッチフレーズ）としては良くとも、環境の観点で考えたときは必ずしも万能ではないことをすでに述べました。それは資源を再利用していくという構造が現代社会において組み込まれていないからといわれます。

初期の目的を全うし、目的が無くなったものはごみであることもすでに述べましたが、この「ごみ」と捉えられる種々雑多なものを選別し、洗浄したりして異物を極力排除したものがリサイクルされる原料となります。従ってその労力、コストは計り知れない上に品質がリサイクル毎に低下するのはいかんともしがたい現状です（ダウンサイクル、Ⅵ-(2) 項参照）。逆に新規の原料（バージン原料）を用いて使用するほうの経済効果の方が高いという経営上から見た現代の社会構造になっているのが現状であります（内藤ら、2009）。

結局、経済を重視すれば環境が悪化し、環境を重視すれば経済が停滞するというトレードオフ（二律背反）の関係が世の中に存在しています。この環境と経済を如何に両立させ、有限な資源を循環の環に乗せられるか、我々はもっと現実の問題として認識し、実社会に反映させる必要があるだろうと議論されています（三橋編、2008b）。

②　環境の持っている価値の評価、プライシングの導入を――

それでは、生態系などの環境をこれ以上破壊せずに経済を発展させるためには、どうしたらよいのでしょうか？　これまでは資源の有限性や資源の量(ストック)の概念が希薄であり、それらの資源を使うにまかせてきました。しかし、その結果、過剰生産から始まる大量消費の問題やそれによって発生する有害廃棄物やごみの問題が顕在化してきたことになります。これらの問題はこれまで自然の浄化力で何とか解決されてきたわけですが、その浄化力も限界を超えつつあるともいわれます。これからは、これまであまり注目されなかった天然資源を評価してその価値を見いだし、すべての資源を有効に使用する必要があるのではないかと三橋らは述べています。

例えば、生態系を構成している生物の多様性や、これまで価値を認めなくてもよかった大気、水、土壌、海洋資源、オゾン層などにまで視野を広げて正当な価値をつけ、それらの存続に影響を与えるような事象にはペナルティーをかけて制裁や中止・見直しを迫るなどの社会の仕組みを作る必要があります。三橋らは、そのような仕組みがこれまでなかったため、市場原理主義者によって環境が安易に破壊されてきているように思われると問題提起しています。

例えば1997年に起きた石油タンカー「ナホトカ号」による海洋汚染問題において、日本は漁業補償だけしか請求していません。1989年にアラスカ沖で起きたエクソン・モービル社の石油タンカー「バルティーズ号」の座礁事故では、海上で発生した環境破壊の中で最大級といわれるほどの生態系が破壊されました。そこでアメリカでは未開の大自然が残る生態系に対しても賠償責任があるとの判断で、国民に向けて、「その損害額に対して環境を守るために支払っても構わない金額(支払意思金額)はどれくらいか」と尋ねました。この様な考え方は環境を守っていく上での非常に大きな進歩の1つであろうと思われます。

2つの海洋汚染とも、現場に生息している多くの微生物の力や自然の回復力により、ほぼ元通りになっているように表面上は見うけられますが、野生生物に対してはいまだに影響が残っているようです(Ⅷ-(4)項にて詳述)。

③　生物多様性条約———

生物多様性条約はもともと日本からの提唱により国連で議論され、環境破壊回避のため持続可能な開発を基礎とした行動に転換すべきであるとして1987年に国際的な合意に達したものであります。1992年の地球サミットのときからその条約の署名が開始され、93年にこの条約は発効しました。

現在、多様な環境(海洋、沿岸域、河川、森林、山間、里山、農地、半湿潤地、砂漠など)に多くの生物が生息していますが、その本来の生息域が減少しつつあります。生物多様性条約は、それら生物の種や遺伝子の多様性を保全していくことを目指すものです。

多様な生物の中でも微生物の果たす役割は幅広く、さらに我々の健康、病気、寿命などから、降雨、降雪などの自然現象、さらに土壌における働きから環境問題まで関与していますので、次章でまとめて述べることにします。

Ⅶ－(7)．循環型社会の意味

少ない資源を循環させるという考え方のもと、リユース、リサイクル、省エネルギーなどの考え方が考慮されても、何かと問題が多いことを見てきました。また、循環型社会の構築のためには、人口増加や大気、水など公害の問題、ごみ処理問題、さらにエネルギーの問題などを勘案し、「資源の枯渇」があってはならないことは勿論ですが、それ以外に、あるいはそれ以上に、「環境の破壊」もあってはならないことです。

【コラム６．資源枯渇と、環境破壊との関係をワインに見る】

辛口ワインは発酵の過程で糖分を食べ尽くし、資源の枯渇により酵母が餓死し、自滅した状態、いい換えれば“資源制約型”のワインといわれます。一方、甘口ワインは酵母の廃棄物と考えられるアルコールの濃度が高くなったがため、その廃棄物の捨て場が枯渇して酵母が餓死した状態、いい換えれば、“環境制約型”のワインと考えられます。

ポルトガルのポートワインは発酵の初期の段階においてブランデーを加えることで酵母をアルコールで餓死させて発酵を止めたワインであり、アルコール濃度は普通のワインより高く20%ほどありますが糖分が残っているので甘口の美味しいワインです。意識的に発酵過程を調節したワインであり、ポルトガルのポルトの港から200年も前から出荷されています。

このように、ヒトも資源の枯渇がもとで餓死するか、環境が悪化して廃棄物の捨て場が枯渇することにより自滅するか、考えざるを得ないところに至ったのではなかろうかといわれます（竹田、2006b）。

循環型社会を構築するために、資源の枯渇の無いよう、更に環境の破壊の無いように心がけ、持続性のある循環型社会にしていかなければ我々の生活は行き詰まってしまうと述べてきました。

アジア生産性機構による環境配慮型製品やサービスの定義として、①作るとき、資源枯渇に備えて環境配慮型素材を使い、生産工程に有害物を使わず、有害廃棄物を出さないこと。②使うとき、省資源、省エネルギー、低公害などバイオマスの活用などに心がけること。③使い終わったとき、リサイクル、リユースを心がけ、廃棄処理の際に出る有害物質や環境汚染物質の削減に目をこらし、微生物による分解され易さに心がけること。④サービスについて、長寿命化したもの、環境情報を表示したもの、機能が環境改善に役立つものを選ぶこと、など、環境破壊に繋がらないように注意を喚起しています。

次の章では、今を生きる多くの生物の生命活動に関与し、廃棄物を処理し、環境浄化の主力ともなってくれている微生物について眺めてみたいと思います。

第２章　引用文献

松井章（2005)、『環境考古学への招待―発掘からわかる食・トイレ・戦争』、p.60、岩波書店（2005 年）

朝日新聞（1999)、天声人語、1 月 28 日（1999 年）

岡並木（1985)、『舗装と下水道の文化』、p.207、論創社（1985 年）

辨野義己（2006)、『ウンチは人格だ！ウンコミュニケーション BOOK』、p.114、ぱる出版（2006 年）

岡田晴恵（2006a)、『感染症は世界史を動かす』、p.191、ちくま新書（2006 年）

平田純一（1996)、『トイレットのなぜ？ 日本の常識は世界の非常識』、p.193、ブルーバックス、講談社（1996 年）

Jacquelyn G.Black 著、林英生、岩本愛吉、神谷茂、高橋秀実監訳（2003)、『ブラック微生物学』、p.425、丸善（2003 年）

小池雄介（1998)、『2001 年・感染症の恐怖』、p.208、PHP 研究所（1998 年）

中原英臣、佐川峻（1995)、『人とウイルス、果てしなき攻防』、p.6、NTT 出版（1995 年）

立川昭二（1997)、『病気の社会史　文明に探る病因』、p.63、日本放送出版協会（1971 年、1997 年）

三瀬勝利（1998)、『逆襲するバイ菌たち、バイ菌博士のこわい怪談』、p.100、p.109、講談社（1998 年）

滝上正（2002)、『ペスト残影』、p.32、神奈川新聞社（2002 年）

岡田晴恵（2006b)、『感染症は世界史を動かす』、p.95、ちくま新書（2006 年）

林俊郎（2004a）、『水と健康、狼少年にご用心』、p.17、日本評論社（2004年）
林俊郎（2004b）、『水と健康、狼少年にご用心』、p.40、日本評論社（2004年）
藤田紘一郎（1997）、『原子人健康学――家畜化した日本人への提言――』、p.55、新潮社（1997年）
應和邦昭編（2005a）、『食と環境』、p.30、東京農業大学出版会（2005年）
廣田襄（2003）、『現代化学史、原子・分子の科学の発展』、p.137、p.677、京都大学学術出版会（2003年）。
松中照夫（2003）、『土壌学の基礎、生成・機能・肥沃度・環境』、p.184、農山漁村文化協会（2003年）
中村修（1995）、『なぜ経済学は自然を無限ととらえたか』、p.65、日本経済評論社（1995年）
粕淵辰昭（2010）、『土と地球、土は地球の生命維持装置』、p.174、学会出版センター（2010年）
西尾道徳（1997）、『有機栽培の基礎知識』、p.192、農山漁村文化協会（1997年）
小祝政明（2005）、『有機栽培の基礎と実際』、p.37、農山漁村文化協会（2005年）
山本俊一（1982）、『日本コレラ史』、p.206、東京大学出版会（1982年）
アーカイブス出版編集部編（2007）、『昭和の仙台、懐かしの宮城県あの街この街』、p.26、アーカイブス出版（2007年）
高橋英一（1995）、『肥料の来た道帰る道――環境・人口問題を考える――』、p.47、研成社（1995年）
森正敬（1991）、『未来の生物科学シリーズ24、生体の窒素の旅』、p.3、共立出版（1991年）
黒沢俊一（1982）、『続・化学漫談、絹の路・胡椒の路・金の路』、p.117、全国加除法令出版（1982年）
Joachin Radkau著、山縣光晶訳（2013）、『木材と文明、ヨーロッパは木材の文明だった』、p.69、築地書館（2013年）
小林達治、吉田忠幸、上野　勲（1995）、『エコシステム農法の奇跡、微生物が日本の大地を救う』、p.146、PHP研究所（1995年）
原剛（2009a）、『農から環境を考える、21世紀の地球のために』、p.98、集英社（2009年）
北野大（1995）、『水の不思議』、p.64、大和書房（1995年）

土壌微生物研究会編（1997）、『新・土の微生物（2）、植物の生育と微生物』、p.14、博友社（1997 年）
土の世界編集グループ編（1998）、『土の世界、大地からのメッセージ』、p.56、朝倉書店（1998 年）
大政正隆（1977）、『土の科学』、p.52、日本放送出版協会（1977 年）
畠山重篤（2011a）、『鉄は魔法つかい』、p.187、小学館（2011 年）
松永勝彦（2010a）、『森が消えれば海も死ぬ、陸と海を結ぶ生態学』、p.45、講談社（2010 年）
畠山重篤（2011b）、『鉄は魔法つかい』、p.203、小学館（2011 年）
松永勝彦（2010b）、『森が消えれば海も死ぬ、陸と海を結ぶ生態学』、p.156、講談社（2010 年）
鈴木邦威（2011）、『環境・健康改善の特効薬「腐植土・フルボ酸」の基本と応用』、p.126、セルバ出版（2011 年）
田中克編（2017）、『いのちのふるさと海と生きる』、p.116、合同会社花乱社（2017 年）
三橋規宏編（2008a）、『「ふきげんな地球」の処方箋』、p.16、海象社（2008 年）
原剛（2009b）、『農から環境を考える、21 世紀の地球のために』、p.119、集英社（2009 年）
應和邦昭編著（2005b）、『食と環境』、p.88、東京農業大学出版会（2005 年）
William McDonough & Michael Braungart 著、岡山慶子、吉村英子監修、山本聡、山崎正人訳、（2009a）、『サステイナブルなものづくり、ゆりかごからゆりかごへ』、p.92、人間と歴史社（2009 年）
朝日新聞（2019）、社説、10 月 30 日（2019 年）
池田香代子再話、C.Douglas Lummis 対訳（2001）、『世界がもし 100 人の村だったら』、マガジンハウス（2001 年）
池田香代子＋マガジンハウス編（2008）、『世界がもし 100 人の村だったら、完結編』、マガジンハウス（2008 年）
朝日新聞（2017）、4 月 12 日（2017 年）
ピーターD. ビーダーセン、竹林征雄編著、『SDGs ビジネス戦略、企業と社会が共発展を遂げるための指南書』、p.113、日刊工業新聞社（2019 年）
山崎友紀（2009）、「編集後記」、『化学と工業』、62 巻、920、公益社団法人日本化学会（2009 年）
FRaU（2019）『 / SDGs MOOK OCEAN / 海に願いを』、講談社（2019 年）

William McDonough & Michael Braungart 著、岡山慶子、吉村英子監修、山本聡、山崎正人訳、(2009b)、『サステイナブルなものづくり、ゆりかごからゆりかごへ』、p.97、人間と歴史社（2009 年）
William McDonough & Michael Braungart 著、岡山慶子、吉村英子監修、山本聡、山崎正人訳、(2009c)、『サステイナブルなものづくり、ゆりかごからゆりかごへ』、p.51、人間と歴史社（2009 年）
應和邦昭編（2005c)、『食と環境』、p.169、東京農業大学出版会（2005 年）
高橋英一（2004a)、『肥料になった鉱物の物語、グアノ、チリ硝石、カリ鉱石、リン鉱石の光と影』、p.107、研成社（2004 年）
David Waltner-Toews 著、片岡夏実訳（2014)、『排出物と文明、フンコロガシから有機農業、香水の発明、パンデミックまで』、p.46、築地書簡（2014 年）
清水達雄、藤田正憲、古川憲治、堀内淳一（2002)、『微生物と環境保全』、p .12, 三共出版（2002 年）
黒澤俊一（1984a)、『化学漫談』、p.50、全国加除法令出版（1984 年）
黒澤俊一（1984b)、『化学漫談』、p.51、全国加除法令出版（1984 年）
松中照夫（2013)、『土は土である、作物にとって良い土とは何か』、p.126、農山漁村文化協会（2013 年）
服部勉（2010)、『大地の微生物世界』、p.111、岩波新書（2010 年）
橘正道（1975)、『物質代謝とその調節Ⅰ、現代生物科学５』、p.135、岩波書店（1975 年）
高橋英一（2004b)、『肥料になった鉱物の物語、グアノ、チリ硝石、カリ鉱石、リン鉱石の光と影』、p.49、研成社（2004 年）
竹田恒泰（2006a)、『ECO NIND 環境の教科書』、p.49、ベストブック（2006 年）
内藤耕、石川英輔、吉田太郎、岸上祐子、枝廣淳子（2009)、『江戸・キューバに学ぶ“真”の持続型社会』、p.122、日刊工業新聞社（2009 年）
三橋規宏編（2008b)、『「ふきげんな地球」の処方箋』, p.78、海象社（2008 年）
竹田恒泰（2006b)、『ECO NIND 環境の教科書』、p.12、ベストブック（2006 年）

第3章　土から得たものを土に返す

Ⅷ．循環型社会の立役者、微生物

Ⅷ－(1)．微生物の分類

微生物に関しては、自然の浄化力の立役者として、循環型農業の担い手として、再生エネルギーの生産者として、さらには硝石栽培の担い手としてなど多くの役割を既に眺めてきました。また、持続可能というキーワードとの関連でもその役割を述べてきましたし、微生物がかなり関連する前章の「生物多様性条約」は日本からの発案により制定されたと述べました。

多方面において我々の生活に密着しているため、これまで「微生物」という言葉を安易に用いてきましたが、「微生物」とは目に見えない小さな生き物の総称です。「微」という字は小さいという意味を表し、日本の漢数字の命名法の単位として10のマイナス6乗に相当します。「割（10のマイナス1乗）」、「分（10のマイナス2乗）」、「厘（10のマイナス3乗）」のさらに先にある単位です。ちなみに、それよりさらに小さな単位として「塵」や「模糊」などがあり、一番小さな単位は10のマイナス21乗の「清浄」という単位とのことです（青木、2000a）。

微生物とはこのように微小な生物の総称で、分類学上の用語ではありません。従ってその言葉に包括される生物は分類学的には1つではなく、最近の遺伝の仕組みや生化学的性質を元にグループ分けすると大きく3つに分けられており、「三ドメイン説」と呼ばれる説が定説となっています。つまり、カビや酵母などの「真核生物」と呼ばれている動物や植物に近いグループと、大腸菌や赤痢菌、納豆菌や光合成細菌など我々の生活に密接に関わっているいわゆる「細菌（英語名でバクテリア）」と呼ばれるグループと、高度好塩菌や好熱菌などのように特殊な環境に生息する

「アーキア」と命名されたグループとに分けられます。

光学顕微鏡でも見えず、電子顕微鏡を用いてはじめて確認することが出来るウイルスは多くの病気の原因ともなり、環境とも関連しています。ウイルスは遺伝子を持ってはいてもそれ自身では増殖できず、特定の生物に感染（寄生）することによってのみ生命活動を営むことができます。従って生物と無生物の中間に位置するともみなされますが、一般には無生物に分類されています。

このように3つのグループに分けられる微生物ではありますが、中でも細菌は我々の生物体の体内や体表面、空中、水中、土中と場所を選ばず我々のまわりのありとあらゆるところに存在しています。結局、それなくして我々の生活は成り立たないといってよい程ですし、持続可能な循環型の生活を送るためにもそれを抜きにしては到底考えられません。本書では、このあとも特に断らない限りは、カビ・酵母・細菌も「微生物」と一括りにして話を進めることにします。

Ⅷ－(2). 微生物における多様性

① 未知の能力を持つ天然の微生物とその多様性———

最近の遺伝子工学の手法では、対象となるものに人為的に狙った機能を与えることができます。しかし、それはあくまでも既知の能力であり、未知の能力を与えることはできません。天然の微生物の中には、我々の知らない未知の能力を持っているものが存在します。抗生物質生産菌を土壌から探索するなど、未知の機能を持った微生物を探すことはまさしく未知の微生物の新しいファンクションを探すことであり、新しい反応を探すことであり、新しい現象を発見することであります（山田、1990）。

これまで日本の研究者は、東南アジアやアマゾンの熱帯雨林といった特殊な環境の土壌から、新規の微生物や現地の人しか知らないような特殊な動植物を持ち出し、それらから得られる天然物を基にして抗生物質や新規な生理活性物質などを見出して創薬に結びつけてきました。生物多様性条約は、これらの微生物や動植物を保護し、今後の持続可能な利用につなげなければならないと考えて作られました。発展途上国ではこれまで貴重な生物資源が持ち出されるに任せてきたわけです。しかしこれら生物の遺伝資源を保護し、環境を保全して絶滅を少しでもくい止め、将来における有用資源の発見や開発の可能性を極力保存したいという考えがこの条約には込められています。また、今後そのような生物から成果が得られた場合には、その生物資源が存在していた発展途上国へも利潤を還元するという内容も含まれています。

この条約の成立後は土壌や動植物を国外に持ち出すことができなくなり、これまでのように日本の国内に持ち込んで研究することが不可能になりました。そこで2018年末に日本、タイ、台湾が連携して現地の研究者を日本に招き、知識を習得して祖国に戻り、「新薬のタネ」を現地でさがしてもらうという方法もとられるようになりました。

②　種の絶滅が進んでいる———

この様な条約を結ばなければならない背景には、近年乱獲や森林開発、里山の放置、農地の塩害化、砂漠化などがあります。さらには外来侵入種の影響や食料不足などの環境の悪化や破壊により、少なからざる種が絶滅危惧種となってきたためといわれます(国際自然保護連合調査)。絶滅危惧種として注目されている種はその存在が目に見え、減少がわかりやすいので登録され保護されます。しかし、実際に目に見えない生物の中には、すでに絶滅してしまったものも多いはずです。

ノーベル賞を受賞された北里大学の大村智先生は、ゴルフをするような時でもその場所の土壌を採取し、新規な微生物の発見に努め、未知の生理活性物質の探索をしてこられました。ある場所の土壌から見出した新規な細菌から新たな抗生物質が見つかり、それが製品化された後に再度その場所の土壌を採集しても同じ菌は見つからなかったと報告しています。また応用微生物学者の村尾澤夫氏らは別の実験として、土壌から得た分離菌を、付属の農場や草地に穴を掘って5～10cmの深さに埋め込み、一定期間ごとに菌株の回収操作を行って追跡調査を行いました。その結果、3か月後にはその分離菌はほとんど回収できなくなってしまい、見つからなくなってしまったといいます。彼らはその理由として、そこに住み着いていた先住の微生物などにより、投入された菌はエサとみなされて分解されて食されてしまったか、高密度集団になってしまい呼吸不足に陥って自己消化などで自滅してしまったか、さらに地中深く沈み込んで検出できなくなってしまったかなどと考えました。しかし、殺菌した土壌に埋め込んだときは長期間の保存が可能であったことから、多くの常在菌微生物が存在する環境ではそれらのうちのどれかが優占種となるような遷移が日々繰り返されているのではないかと思われると結論付けました（福井・別府編，村尾、1985）。

このように土壌中で生物は単独で、孤立して生存しているわけではなく、他の多くの生物とその環境で共存・共生して関わりあって生きているので、その場所の、その時の環境に適応して、種が繁栄したり、衰退したり、また絶滅するなどを繰り返して生育しているものと思われます。

また、種としての存亡と個としての存続は別の問題かもしれません。さらにまた、ある集団の個数が少なくなると検出されにくくなるなどの別の問題もあるのかもしれません。

このように、生物種の多様性が保たれている場所、つまり、沢山の種が維持されている場所では、特定の生物だけがとびぬけてはびこる機会は少なく、種が互いに補い合いながら、系の安定性の確保につながるようになっているのかもしれません。つまり、系全体として生物種間のバランスがくずれないように恒常性を保つ役割を担っているということであろうと考えられています（久馬、2005a）。

1975年から25年間の種の絶滅速度の平均は毎年4万種と推定されており、この数の多さに驚かされます。しかし哺乳類や鳥類だけではなく、目に見えない細菌や、あまり目に触れることのない菌類をも含めての数字であるということで納得されます。しかし、1900年には年に1種類程度、1600年から1900年にかけては4年に1種類ほどしか絶滅していなかったのではないかと推定されていますし、恐竜時代には年に0.001種類、つまり1000年に1種類の絶滅速度であったろうと推定されています。

それらに比して現代における種の絶滅がすごい勢いで進んでいることに驚くばかりです（村尾、1998）。

植物に関しては、草食昆虫から自己を防衛するため有毒の化学物質を蓄積していることが多いものです。しかし、昆虫はその毒性に勝つために高度に専門化した方法で植物を食しており、半独立の無数の植物連鎖網が出来上がっています。そのため、1つの植物が絶滅するたびに平均10～30種の生物の連鎖網が崩壊していると考えられています（Y.Baskin著、藤倉訳、2001a）。

生物多様性が失われてしまうのは、何も上述したような環境破壊だけが理由ではありません。オランダなどの養鶏場のそばでは鶏糞により窒素分が非常に高くなり「窒素汚染」とも考えられる状況のため、窒素分を多量に摂取できる2～3種類の成長の早い植物種が優勢となってしまったとのことです。結果として、限られた丈の高い均一な草だけとなってしまい、多様性が損なわれているといわれています（C.Flavin編著、高木監訳、2002）。

これも環境破壊の一種と考えられるでしょう。

③　身のまわりにはいまだに未発見（未検出）の生物が多い———

表-4は各生物群の中で既知種として発見されているものの数と、いまだに発見されず未記載種と推定されている数との割合を生物種ごとに表したものです（東京大学農学部編、2000）。

表-4　多様性を示す生物群（既知種と推定未記載種の数）

生物群	既知種	推定総種数	既知・記載種の割合
哺乳類	4,000	4,000	100
鳥類	9,000	9,100	99
魚類	19,000	21,000	90
顕花植物，シダ類	220,000	270,000	81
セン類，タイ類	17,000	25,000	68
藻類	40,000	60,000	67
昆虫（全節足動物を含む）	800,000	6,000,000	13
細菌	3,000	30,000	10
菌類（地衣類を含む）	69,000	1,500,000	5
線虫	15,000	500,000	3

出典；東京大学農学部編，『土壌圏の科学』，p.65，2000年

この表からわかるように、我々の目で見ることができる哺乳類や鳥類は、ほとんど発見済みになっています。そのため種が減少しつつある状況はわかりやすいのですが、細菌や菌類に関しては目に見えず注目もされないために絶滅してもわかりません。種として確認されているもの、つまり、我々が知っている種は現在その存在が推定されている総数の10%以下でしかないことが読み取れます。これらの未記載種のものの中には、我々に発見されることなく絶滅しているものもあるはずです。それは、上述の年間4万種の絶滅速度の数字の中に入っていると考えれば納得できます。

④　生きていて存在しているが培養のできない菌（難培養微生物）の存在———

微生物学は、ドイツ人医師のコッホが体系を確立して以来、菌を単離し、純粋に培養し、単一になったものを研究対象としてきました。しかし、この確立された分離法によって得られる菌の数と直接顕微鏡で観察して確認できる数とを比較しますと、実際に分離される菌の数が非常に少ないことが近年わかってきました。つまり、存在し、生息しているにもかかわらず、培養できない菌、あるいは培養できにくい菌（VNC, Viable but Non Culturable）があることがわかったのです。特に、栄養の少ない環境と考えられる淡水中や有機物の少ない場所からは、微生物が分離される確率は非常に小さく、顕微鏡で存在が確認されても培養できるのは0.01%から0.0001%でしかないともいわれます（小沢、1991）。

微生物にとって自然界は、利用可能な栄養(基質)濃度が意外に希薄で、常に飢餓状態に置かれています。そのため、培養実験に用いられる栄養物質の濃度ではそれらは生育しにくいことになります。実験室での状態で生育できる菌株は、富栄養状態でよく生育する変わり者の菌株と考えないといけないのかもしれません。

培養できない菌が存在していることが分かったことで、畑土壌からの細菌細胞の数を寒天の平板計測法と顕微鏡計測法とでそれぞれ測定して比較する実験が行われました。その結果、畑土壌1g中に存在する数は前者で1,700万、後者で24億個でした。いい換えれば、24億個もの細胞がいるにもかかわらず寒天培地の上で生育したのはたったの0.7%であったということになります（服部、1986）。

直前の③項で見た「多様性を示す生物群」の表で、細菌の既知・記載種の割合が10%と出ています。しかし、このような事実が判明したことで、最近ではその値は1%あるいは0.1%ではないかともいわれてきました。

最近はPCR法などの遺伝子からの研究も進められ、より詳細に把握されるようになってきました。これらの研究が進むにつれ、自然界では栄養が十分存在する状態というのは極めて稀であることが理解されるようになりました。さらに、自然界にはそれらの貧栄養状態で生育している、培養しにくい微生物が多数を占めていることもわかってきました。これまであまり意識してこなかったそれらの菌の果たしている仕事量は、予想以上に大きいのではないかと考えられています。

⑤　土壌の微生物の多様性が高いほど作物の発病が少ない――

農業環境技術研究所岐阜県高冷地農業試験場において、飛騨地方のホウレンソウ連作障害抑止型土壌の畑における土壌微生物の多様性と連作障害発病度が調べられました。図-8のように病原菌以外の一般微生物の多様性（縦軸）が高いほど、連作障害の発病度（横軸）が低い結果が示されました。また、それとは別に、ホウレンソウの根の周辺にいる菌の多様性と収量の間にはきれいな正の相関関係があることも分かったと報告されています（横山、2001；農林水産省農業環境技術研究所編、1998）。

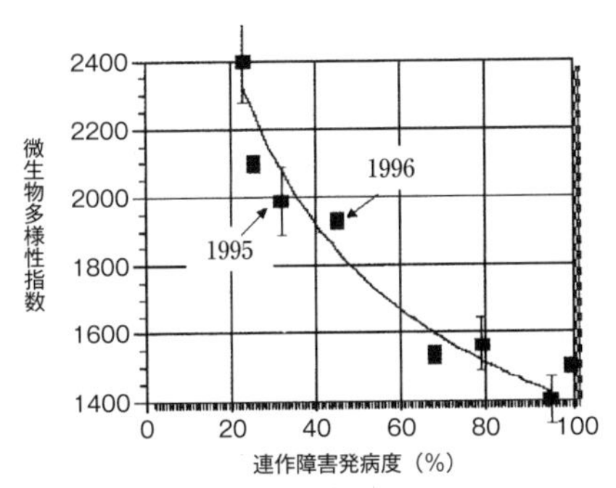

図-8　岐阜県飛騨地方のホウレンソウ連作土壌の例
出典；横山和成，『現代農業』，2001年10月号，p312

このように土壌中の微生物の多様性が高まれば植物は病気に抵抗し、連作障害に対しても有効です。また、土壌にとっては団粒化も進むことになります。

さらに、それらの微生物は後述するミミズを含めての小動物などの生物のエサにもなると考えられます。また、なによりも微生物自身が自己消化することにより肥料となり、しかもその肥料効果は緩効性で、その上バランスがとれていて持続するなど多くの利点があるといわれます。

Ⅷ－(3). 特殊な微生物

自然界には、ある機能が必要になるたびにその機能を持つ新しい微生物が生まれてきたと考えられます。結果として種類が増え、中には特殊な機能を持つものも現れてきましたが、身のまわりに居ないとそれらを意識することは少ないでしょう。

① バクテリアリーチング―――

例えば、鉱山の採掘現場で、資源にならずに廃棄された捨石の山(捨石は「ズリ」と呼ばれ、それが集まって山になったものは「ズリ山」と呼ばれました。石炭採掘後の山は「ボタ山」と呼ばれています)や資源として含有量が落ちてきた銅鉱山などでは、一般の採掘手法では経済的に成り立ちません。このような含有率が落ちた銅鉱山の冶金に微生物が利用され、いわゆる「バクテリアリーチング」と呼ばれる採掘方法が実用化されています。好酸性細菌の酸性溶液を山の上から散布すると、山に浸透し、銅を溶かし込んだ菌体溶液が鉱山の下の方へ流れてきます。それを回収し、中から銅を採集するという採掘方法です。この方法はウランの精錬にも応用されています。

このような方法とは別に、特異な金属のみを吸収(吸着)する微生物も多く見つかっています。金、銀などもこれらの細菌を用いて特異的に溶出することができ、オーストラリアでは金の採掘設備が90年代に稼働を開始したといわれています。また、プルトニウムやウランなどの放射性核物質を特異的に吸着する微生物も発見されています。

② スキー場で働く氷核細菌―――

雲の形成や降雨の核になる微生物も存在しますし、氷核を形成する微生物も多数見つかっています。氷核を形成する温度は蒸留水では一般に

－21.6℃であるのに対し、このような細菌では－3.0℃で氷ができます(飴山・小幡、1995)。

この細菌は、雪の降るような低温にならなくともスキー場に雪を降らせるのに役立つので、1960年のアメリカのスコーバレー冬季オリンピックの時から使用されました。この原因物質は微生物がつくるタンパク質であることがわかり、現在、多くのスキー場で氷核活性細菌の殺菌菌体やそのタンパク質溶液を降雪機で空中に散布して雪を降らせています。微生物自身は死滅していますし、タンパク質は自然界で分解されますので、環境の観点からも特に問題はありません。ただし、野菜などの作物に降りかかると霜害が発生する可能性があります。もっとも、これを利用する場所は冬の広大なスキー場ですし、一般には畑などからも離れており、栽培時期とは異なる時期の利用となりますので、そこまで心配する必要はないはずです。

凍る温度が高いという氷核細菌の特徴は、凍結食品の組織破壊の防止や、ジャムをつくる時などにも利用されています。過熱して水分をとばす代わりに、食品添加物としても認可されているものを添加して凍らせ、氷を除いて濃縮をすることで退色を防ぐことができます。味も損ねず、エネルギーの節約にもなると、利用範囲は広がっているそうです(荒井、1991)。

③　不凍タンパク質を作る微生物―――

これとは逆に、凍るのを抑える菌も見つかっています。霜害に強い植物としてクスノキやキンモクセイなどが知られていますが、それらの葉に寄生している微生物から不凍タンパク質が見つかっており、凍結温度を3～5℃下げるといわれます(K. Noriko ら、2001)。このようなタンパク質は、寒い海の魚や昆虫の体内にも存在していて研究が進んでいます。

食品業界への応用として、食品の長期保存や肉類を低温熟成するときなどの「氷温保存」に活かされています。また、食品をマイナス1～2℃に維持して輸送する「氷温輸送」において、このたんぱく質があると凍りませんので低温で品質を保持しながら輸送することができます。また、低温で作用する加水分解酵素が働くようにしておきますと、輸送中に品質を上げる効果も期待できます。

食品が凍るとどんな弊害が起こるのでしょうか？　家庭の冷蔵庫などでゆっくり冷凍すると、氷の結晶が成長して食品の細胞・組織を壊してしまいます。解凍後に液だれが起こり、味や食感が落ちてしまったりします。食品に合わせた方法で急速冷凍を行った時は、氷の粒が小さいので食材への影響が少なく品質も劣化しません。

近年、「不凍タンパク質」という名前は自動車などの「不凍液」を連想させるので、「氷構造（化）タンパク質」に改名したほうがよいともいわれています。

④　腐敗と長期保存とのせめぎあいの氷温貯蔵――

氷温保存や氷温輸送なる言葉は、鳥取県食品加工研究所が地元のナシを長期保存できないかと実験を重ねた結果たどり着いた技術であり、日本独自の技術です。食品が凍らないぎりぎりの温度まで下げて、食品中の雑多な微生物の生育を極力遅らせるという方法です。これを実施するには温度管理を厳密に行う必要があります。

二十世紀ナシの凍る温度は－1.5℃、リンゴは－2.0℃、また熟した柿は－3.0℃、さらに牛肉や豚肉は－1.6～－2.2℃、家禽肉は－2.8℃、さらに魚類は－0.6～－3.3℃などです（好井ら編、1995）。

食品中の微生物の最低増殖温度は、牛肉は－1～－1.6℃、豚肉で－4℃、羊肉で－4℃～－5℃、などです。魚のりん光細菌は0℃、その他の腐敗細菌の最低増殖温度は－4℃～－5℃といわれています。温度管理を食品に合わせて厳密に行う氷温保存では微生物の発育をかなり抑えることができ、その間に熟成も進むはずです（木村編、1988）。この方法により果物などは長期に保存が可能で、糖度も上がるといわれています。

また、「熟成肉」という商品が世に出回っていますが、氷温保存と同じような考え方で、獣肉を2℃～3℃で4～5か月保存することでグルタミン酸を増やしています。ただし、保存期間が長くなれば表面が乾燥したり、好ましくない菌が増加したりで、腐敗とのせめぎあいになってしまいます。さらに、良好に熟成されたとしても30%ほどの表面部分のロスが出てしまいますので、おいしさと品質保持や歩留まりとのバランスがポイントになります。

⑤　家庭の冷凍庫内でも増殖する微生物———

細菌の多くは10℃以下になると増殖が遅くなり、－15℃以下では増殖が停止するのが一般的です。従って一般の家庭では食品の腐敗を防いで保存するために食品を冷蔵庫や冷凍庫に入れたりします。それでも菌は死滅するわけではなく、庫内に入れる時に食品に付着していたものはそのまま存在されることになります。

家庭用冷蔵庫の製氷機の洗浄を怠ると黒カビや赤色酵母入りの氷ができてしまうといわれます。コップに氷を入れ、それが溶けた時に下のほうが不透明になったり、残渣のようなものが残ったりしているようなときは要注意です。そのようなときは氷にカビや酵母がいる可能性があります。では、これらの菌は冷蔵庫の中の氷製造の過程で増えたのでしょうか？

⑥　微生物が利用できる水分量を示す尺度、水分活性———

－10℃の氷はカチカチに凍って固まっているので、普通我々が想像する「液体の水」は存在しないと思われます。微生物が生育するには適当な栄養分があり、適当な温度の他に水の存在が不可欠です。従って－10℃の氷ではこの温度で生育可能な菌(黒カビや酵母)がたとえ存在していて、生育に必要な栄養分がかろうじて整ったとしても、生育に必要な“水”がないと思われるのでそれらの菌は生育できないと思われます。

しかし、微生物の生育に関して微生物学では「水分活性(Aw)」という概念が定義されています。水分活性は、食品または溶液や培地が示す飽和蒸気圧(密閉した容器に入れて飽和状態になったときの湿度)を純水の飽和蒸気圧(同じ温度の飽和湿度)で割った値で、純水は1.00、完全に乾燥した食品は0.00となります。この値は微生物の生育に直接必要な水の含量、つまり、微生物が利用できる水分がどの程度含まれているかを示す尺度でもあります。この水分活性が低いと、微生物が自由に利用できる水の量が少なく、微生物は増殖できなくなります。それゆえ、腐敗しやすさの目安になり、食品の保存性の指標ともなっています。

食品中に含まれている水は、微生物が生育に使えるような「自由水」と、生育には使えない「結合水」との2種類に分けられます。自由水が0℃で凍るのに対して結合水は－80℃近くにもならないと凍らないなど、異なった挙動をします。結合水とは、タンパク質や炭水化物のような親水性物質や塩などの溶質と水素結合によって強固に結合し束縛されている水のことです。結合水は通常の水としての活性(性質)がなく、菌やカビは自身の生育に利用できません。

水分活性が0.94以下になると一般の細菌は増殖できませんが、耐塩性の強い細菌の中には0.9以下でも繁殖するものもあります。また酵母は0.88以下、カビは特殊なものを除いて0.80以下では繁殖できません。しかし、逆に水分活性が0.80以上であればカビは生育可能であることになります。現在のところ水分活性が0.62以下で発育できる微生物は知られていません(粕川、1994)。

食品を保存する方法として、乾燥させる、塩や砂糖に漬けるといった手法がとられますが、どちらも水分活性を下げていることがわかります。乾燥の場合は水分(自由水)が少なくなりますし、食塩や砂糖を加えるとそれらが「自由水」と結びついて結合水となってしまうのでやはり「自由水」の割合が減少し、水分活性が低くなるのです。

⑦　冷蔵庫の氷の中でもカビや酵母が生育する―――

実は氷も水蒸気圧を有しています。－10℃の氷では水分活性の値が0.907であり、カビや酵母の生育は可能となります。また、－20℃の氷でも水分活性は0.823となりますので、ある種のカビなら生育可能です。従って、冷凍庫の氷でも特殊な黒カビや赤色酵母が増殖することが十分に考えられるのです。(三浦、2004)。冷凍食品であっても長期保存できないことがこのことからも理解できます。

⑥項および⑦項では低い温度での微生物の生育状況を見てきましたが、逆に100℃でも生育する高度好熱菌もあり、火山や温泉の噴出口をはじ

め、サウナ室など至る所に存在しています。次章で取り上げる土壌から単離したコラーゲン分解菌もその1つです。

⑧　放射線抵抗性細菌———

ソ連の人工衛星ミールは1986年に打ち上げられて地球を周回していました。その後、1991年のソ連崩壊もあったためか、長期間宇宙に留まることになりました。当然、強い宇宙線、つまり放射線を浴び続けることになりました。

1年間の大人の許容放射線量の基準値は、日本においては20mSv（ミリシーベルト）です。これは国の避難区域の目安となる年間被ばく量になっていますが、宇宙では放射線が強いこともあり、年齢で異なるものの、国際宇宙ステーションでは600～1,200mSvを上限としています。

ガンマ線などの強い放射線を用いて医療機器などの殺菌が行われていることからもわかるように、宇宙船内ではこれまで知られていた微生物は死滅してしまうと思われます。従って長期間宇宙にとどまった後で帰還した人工衛星の船内には微生物は少ないのではないかと思われていました。しかし、ソ連からロシアに変わってから地上に戻ったミールの船内の空気の中からは、細菌やカビが多数見つかりました。その中のある種の細菌は放射線に非常に強いことがわかりました。放射線医学総合研究所や日本原子力研究所でその理由について研究しましたところ、それらの細菌には遺伝子に変異が起こってもそれを修復する機能が特に強いことがわかってきました。この研究は、がんなどの遺伝子の損傷による病気の治療などに役立つ可能性があると思われ、進められています。

ところで、許容量が決められているということは、我々は放射線に弱いということになります。それはどういうことでしょうか？　例えば4,000mSvの放射線を浴びると生物が死に至るといわれるのはどうしてでしょうか？　死に至らなくとも、2011年の福島の原発事故で危険区域に指定されているところは、居住はおろか立ち入ることもできません。

放射線を浴びすぎると、遺伝子が破壊されてしまいます。なぜ破壊されるようになるのか、また、そのこととがんの発生との関係などについては後の6章にまとめます。

⑨ 水がなくとも芳香物質のみで生育する気相培養菌――

微生物の生育には水が必須であり、微生物の培養は栄養分を含む培養液の中や寒天培地で行われるのが一般的です。水の無いところでの培養など普通は考えられません。ところが、水分のない空気の中でそこに漂う香りを取り込んで生育できる菌も存在します。ドイツのワインケラー(地下のトンネルのような蔵)やフランスのコニャックの貯蔵蔵に生息していて、その香りだけを取り込んで生育する綿毛のような形をしたカビ(ラコヂウム菌)がその一例です。

熟成して良い香りを出すようになったびん詰ワインのコルク栓や、コニャックの倉庫の屋根のすきまなどに生育する菌であり、浸みだすように洩れ出る熟成した芳香をかぎつけてどこからともなく集まってくると考えられています。それらは普段は建物の壁やブドウ園に住んでいて、芳香が生じたときにそこに集まって生育するものと思われます。

これとは別に、日本でも老舗の清酒醸造蔵や醤油工場には、お酒や醤油の芳香をかぎつけたカビが白壁の表面に黒い星のように集まっています。それらは醸造蔵の壁や天井に住み着いていて、その蔵の勲章とも呼ばれています。これらは分類学的には上のラコヂウム菌の近縁種で、学名はデマチウムやクラドスポリウムと呼ばれています(中野、1993)。

Ⅷ－(4). 微生物による環境浄化

① バイオレメディエーション(微生物による浄化法)――

湾岸戦争の時、原油で汚染されてしまった土地やオイルレークを日本の大林組が中心となって浄化しました(辻・千野、1997)。まず汚染土を畝にし、肥料や水を施し、トラクターで耕しました。畑仕事と同じような作業で、使った肥料も畑仕事の時と同様の窒素、リン酸、カリウムです。しかし、作物を育てるためではありません。このように土壌の状況を整えると、その土壌にいる多くの微生物の中に石油を分解できるようになるものが現れ、それらが活発に活動するようになるのです。石油に近い物質を処理できる菌が、原油をも食べられるように馴化したものと思われます。微生物の世代交代時間は、特殊なものを除き、一般的には20〜30分と短いものです。数日もあれば、まわりに存在するエサ(食べ物)を利用できる(処理できる)ように変化(馴化)することは、それほど無理な話ではありません。

このような処理方法はバイオレメディエーションの中の「バイオスティミュレーション」と呼ばれます。この方法とは別に、特別な微生物を使用する方式もあります。原油や石油の処理に特化した分解菌を増やし、それを上のように整えた汚染土に混ぜて分解を図るという「バイオオーグメンテーション」というやり方です。前述の浄化にあたり、外部から特殊な微生物を持ち込む後者の方式を提案したところ、現地の産油国の人たちは、その菌が地下の原油まで分解してしまい原油が採掘できなくなるのではないかと心配して大反対しました。その結果、実際は後者の方式は採用されませんでした。

汚染土に存在している微生物の方から見たら、これまで絶食に近い状態だったところに原油という食べ物が目の前に現れたということになります。それを食べられるように急いで体の機能を変化させたものの、炭化水素の主食しか食べ物がないので栄養のバランスが片寄っている…と考えたらわかりやすいかもしれません。そこに副食や調味料にあたる窒素、リン酸、カリウムが届き、水も空気も十分あり、温度も適当であるのでせっせと食事を始められる状況になったというストーリーに置き換えることができます。原油は炭素と水素でできている炭化水素であり、不純物として硫黄が少量ありますが、窒素分やリン酸は無いに等しいといえます。

微生物が物質を分解できるということは、それを体内に取り込んで分解代謝してエネルギーにできること、そして自分自身の生体構成物を作り増殖する過程を繰り返し、さらに子孫を残す活動に利用できるということです。その物質のC/N比(炭素率とも呼ばれる)が、その微生物が利用できる値に近くないと微生物は生育できず、分解もされないということになります。微生物自身のC/N比は3〜5(後述)ですので、炭素に対して窒素分がそれなりに必要であり、またリン酸も必要になるので植物のように肥料を撒いて耕したのです。結果として汚染が浄化されたことになります。

② エクソン・バルディーズ号の事故———

第2章の、環境の持っている価値の評価のところで既に述べましたが、1989年にタンカーのエクソン・バルディーズ号がアラスカ沖の湾内で暗礁に乗り上げ座礁するという事故が起きました。積載量の約20%にあたる1,100ガロンの原油が流出しました。その海域に生息していた生き物、多くの海鳥やラッコなどばかりでなく、サケやニシンの卵などへの被害は甚大でした。事故は航海士が不眠のまま操舵を続けたことが原因とのことです(米海洋大気局提供)。

原油の流出から時間を追ってその消長を調べてみますと図-9のようになります(丹治・海野、1997)。3年近く経つと海岸に漂着したものや沈着したものは機械的に除去され処分されました。また、沸点の低いものは揮発してしまいました。流出した原油は時間とともに微生物により分解され、ほぼ3年たった時点では流出した原油の半分近くが処理されたことがわかります。つまり、原油が微生物によって二酸化炭素に分解されてしまったか、微生物の生体構成物質に変換されて消失したことがわかります。

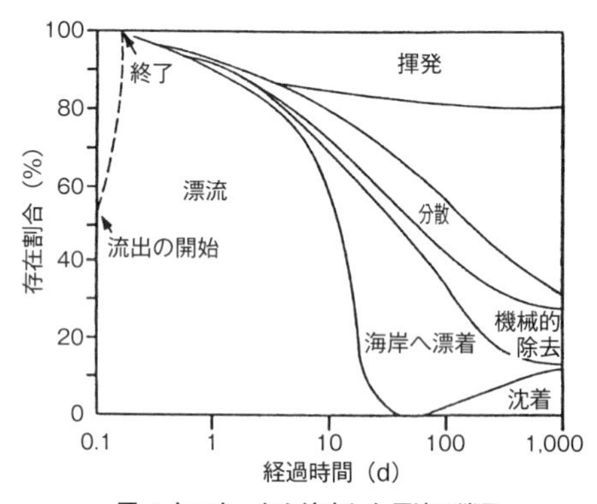

図-9 タンカーから流出した原油の消長

出典;丹治保典・海野肇,『用水と廃水』,39,427(1997年)

しかし、海の中に分散した数%が汚染として残っていることもわかります。これらは、微生物を含めた自然の回復力にゆだねざるを得ないと思われます。現地では海洋動物の個体数が減少したままの被害が残っており、打撃は予想以上に長期間に及んでいるといわれています。

③　我々の日常生活からも海の汚染が――

事故の場合は大々的に報道されるため我々の記憶に残り、問題視されます。一方で、年間でそれらの事故の20倍もの量の原油や石油製品が日常的に自然界に流出しているといわれます。工場や都市部からの流出が約1/3、タンカーのバラストからの流出が1/3です。「バラスト」とはタンカーなどが原油を運んだ後に、戻る船のバランスをとるために原油の代わりに重しとして積み込む海水などのことです。原油を積み込む際に不要になった海水をタンクから抜くときに、海水と共に残っていた原油が流出します。その他残りの1/3は我々の日常生活の中で知らず知らずに流してしまうもので、これらが加わって恒常的に汚染が進んでいるといわれます（大石、1999a）。

このような大量の石油関連汚染物質も、微生物によって分解されて浄化されることで、地球上の我々の生活は成り立っているのです。自然界における微生物の力の偉大さが理解されます。

④　江ノ島水族館の旧モナコ水槽――

水族館の水槽や、家庭で熱帯魚などを飼う水槽は、ガラスの内壁が汚れてしまうので常に清掃が必要となります。ところが、過去に江ノ島水族館に展示されていた「モナコ水槽」は、2年間以上も何の手入れもせずに外から光と餌を与えるだけで維持されていました。

なぜこのようなことが可能であったのでしょうか？　このモナコ水槽は、モナコ王国の特許を使って水槽の下部に30cmほどの厚みの砂の層を作り、層の上部は好気的であるのに対し、下部は酸素が届きにくい嫌気的な状態が維持されるように工夫されていました。そこにⅦ－(3) 項で見た窒素循環を行う各種好気、嫌気微生物の生育を促し、魚類からの排泄物を分解するなり、水環境を浄化する仕組みが時間をかけてできていたからです。その上、水草の光合成で酸素を供給するなど、水槽の中にミニ循環系が出来上がった結果と考えられます。

その後、このシステムを改良した家庭用の水槽が国内メーカーから発売されました。しかし、好気と嫌気の多くの微生物環境を整えてシステムを起動させるまでに時間がかかること、その維持のための手間がかかるということなどで、普及はしていないように聞いています。

なお、この江の島水族館のモナコ水槽は、より集客力のあるクラゲの展示に切り替えるため、展示は中断してしまったと、電話で取材したときに説明を受けました。

⑤　自然界での物質循環、輪廻——

禅宗のお寺には「九相図」という宝物があります。人間の生前から生を全うして土にかえるまでの九つの相(場面)が描かれています。十二単を着て何不自由なく生活していた女性が病の床に伏した後に死を迎え、その後段階的な腐乱状態を経て、最後は土にかえるという絵巻物です。

植物も、枯れたものや「リター」と呼ばれる倒壊したものなどはいずれ朽ちて土にかえります。野生動物の死骸や一般の有機性廃棄物も年月とともに土にかえり、次の生命に取り込まれていきます。そうでなければ地球上はごみや動植物の死骸および倒木などであふれかえっているはずです。このような環境浄化はあまりにも日常的であり、普段それを意識することはないかも知れませんが、掃除屋としての微生物が機能してくれているからこそ、現在の地球が保たれているのです。

⑥　ごみ箱植物（オオタニワタリ）とエアプランツ——

オオタニワタリという植物は、本州南部から沖縄、台湾にかけての森林内の樹木に着生するシダ科の木で絶滅の危機にもある希少種です。この木の特徴は、大きな葉が茎の先端に放射状に配列されており、この壺状になったところで上から落ちてくる葉を集めてそれらを腐葉土、堆肥にしていることです。着床している木の上は栄養が少ないので、成長のための肥料を自作するように進化したと考えられます。別名で「ごみ箱植物」ともいわれ、ささやかではあるものの自前で環境の浄化を行うと同時に、栄養分を自給しています。観葉植物として採集・乱獲されて絶滅危惧種の扱いを受けつつありますし、また近縁種は食材としても利用されています。

土の中に根を伸ばさないエアプランツの仲間(テイランジア・イオナンタ) も、樹木の上で枝などに絡まるかたちで生活しています。霧や空気中の水分を利用して生育していますが、栄養が乏しいので、やはり落ち葉を集め、堆肥にして自前で肥料にしています。栄養が少ないので、花は咲き終わると子株にすべての栄養を与えて自分自身は消滅してしまうそうです (5章のⅩⅣ－(3) の②参照)。

Ⅷ－(5). 炭素率 (C/N比)

①　微生物の活動を規制する炭素と窒素の質量比、C/N比―――

微生物が有機物を分解する時や環境を浄化する時には、それらの生物が活動しやすい環境が整う必要があります。水、酸素、さらに生育に適した温度が必要ですが、それ以外に分解すべき物質の炭素の質量と窒素の質量の存在比、つまり炭素率も重要な要素となってきます。

炭素率(C/N比またはCN比)とは、有機化合物ばかりでなく、肥料や、土壌に含まれている全(有機性)炭素と全窒素の質量の比にまで拡大して解釈・定義されていて、他の成分分析の値とともに土壌肥料学上重要な分析項目の1つです。堆肥などの肥料を作成する際やそれを使用する時などに、物差しのような役を果たしています。有機性の肥料づくりに関しては、原料やそれが分解していく過程に対して、また、施肥をするに当たっては、その土壌のC/N比を見極めて使用すべき肥料の種類や量を確認する指標として、いずれの場合も重要な値になっています。

この値を出すには、実験室的には種々の精密な分析手段があります。また、炭素、窒素を同時に短時間で分析できる「CNコーダー」という簡便な装置も市販されています。しかし一般的には自前では測定できず、値を知るには有料の分析センターなどに測定を依頼することになります(ただし、現場では土壌を燃やしておおよその傾向を知ることもあると聞きました)。

この値は、土壌中の微生物やミミズなどの土壌動物の活動が盛んになり、植物に十分な栄養を供給できる状態であるか否かを判断する指標であり、微生物に対してのエサのバランスの目安になると考えることができます。微生物は有機物炭素をエネルギー源として利用して生育し、自分自身の細胞構成成分を合成しますが、その過程において有機物炭素の利用に見合う窒素分が必要となりますので、この値を基に土壌の状態が判断されます。

② 耕地土壌のC/N比は10前後です———

我が国の平均的な耕地土壌のC/N比は10前後であり、土壌の炭素率がこの値に近い時が耕地の微生物の活性が高く(エサのバランスが良く)、作物の栽培に好適と考えられています(大政、1977)。

この値は「腐植」と呼ばれる物質のC/N比とほぼ同じです。腐植とは、稲わらや落ち葉などのセルロースやリグニンなどの分解しにくい難分解性の有機物が土壌中の様々な土壌動物や微生物の作用を受けて長時間かかって分解され、最も安定した状態になったものです。

化学構造は石炭の構造に似た複雑な高分子で、健全な耕地にはこの腐植が多く存在しています。また、この腐植(物質)から得られる可溶性物質フルボ酸は、前章のV-(2)項で説明したとおり、鉄と結合することで海を豊かにします。この腐植物質こそが、土壌の養分保持力を高め、土の団粒構造を作って根や微生物や土壌生物の活動環境を良好とする「地力」を維持する本体です(武田、2002a)。

③ 良質の堆肥のC/N比は15-20で、
作物が能力を発揮できるのは10-15の値です———

堆肥には完熟という定義がありませんので個々の堆肥によって腐熟度に差があります。土壌微生物にとっての良質な堆肥のC/N比は15から20の間といわれています。

このような堆肥が土壌に入ることは、有機性炭素分が土壌に投入されたことを意味します。そのような状態(環境)で作物を育てる時には、別に化学肥料としての窒素分をある一定期間おきに加えることが必要です。窒素肥料を添加することにより、一時的にC/N比が15以下(10～15の間）に下がり、植物の生育が順調に進みます。窒素肥料分が微生物や植物に吸収されて使われてしまうとC/N比はまた少し上がりますので、数週間から数か月後に再度窒素肥料を添加して値を下げるというステップを繰り返します。有機性炭素分が少しずつ使われて、値が10近辺になるまで何回かこの方式を継続することができますが、10を下回ると土壌炭素分が不足して土壌病害などが発生するようになります（武田、2002a）。

④　C/N比の高い有機物が土壌に入ったとき———

畑作などが行われていない、つまり"栄養"の少ない土に新鮮な植物遺体、例えば広葉樹の落葉（C/N比50～120）や各種のワラ（C/N比50～70）、および種々のオガクズ（C/N比230～1,700）などC/N比の高い有機物が加わると、そこに存在する窒素分がすぐに使われてしまいますので、まわりに存在する微生物は窒素飢餓に陥ります。窒素肥料などの窒素分を加えないと、微生物は生育に必要な窒素分が不足し、植物に必要な窒素分もなくなってしまいます。そのため作物は生育できないか生育しにくくなり、有機物はそれ以上分解されなくなります。オガクズは一般に3年経っても約60%しか分解されませんし、8年たっても約90%の分解しか起こりません。

ただ、落ち葉が積もるような森林などでは過去に降り積もった落ち葉などで腐葉土が堆積しているところが多く、そこにある窒素分に見合う分解が起こります。しかし窒素分の量が少ないので分解には時間がかかることになります。

自然界における物質輪廻の分解代謝の極端な例が、すでにみた原油を分解するバイオレメディエーションです。この場合は、有機炭素分の分解が目的ですが、窒素分を加えてC/N比を整えて微生物が利用しやすくしており、上で見たことと考え方は同じです。

⑤　土壌中のササラダニの働き———

腐葉土が積もっているようなところには、ワラジムシやダンゴムシ、ヤスデやトビムシなどの多くの土壌動物のほか、ササラダニのような節足動物が生息しています。それらは大きな落ち葉をもそれぞれの持ち場で順々に分解し、微生物が利用できるように小さくかみ砕いてお膳立てをしてくれます。

特にササラダニはあらゆる土壌環境に生育しています。大きさが0.5～2㎜ほどの小さな生き物で、自然環境が整った土壌には多く存在しています。冬季も休まずに植物の遺体をかみ砕いて分解してくれる大食漢であり、ミミズと同様に自然界において非常に有益な分解者です。例えば明治神宮の森では、たった靴底一歩分の面積に2,000匹以上のササラダニが観測されるといわれます。しかし、環境の都市化が進むにつれてその数は減少するそうです。

ダニは2,000種類もいるそうですが、植物の生きた葉を食べるハダニや住居に生息しているダニとは異なり、このササラダニは地面に生息していて落ち葉などを分解してくれる有益な生き物なのです（青木、1996）。

⑥　C/N比の低い有機物が作物生産に使用されたとき――

逆に、各種の動物性食品カス（C/N比6～8）や鶏糞（C/N比5～6）などのようにC/N比の低い、つまり、窒素分の多いものが土壌に加わると、微生物による分解の際に窒素分があまってしまいますので、余分な窒素分が無機化してアンモニアになり揮散することになります。

このような状態になりますと、アンモニアガスなどの影響で根が腐敗してしまったり、種々の病原性微生物が増殖してしまいます。

⑦　C/N比から見る堆肥化――

上で見たC/N比の高いものも低いものも、そのままでは微生物は生育しにくいうえ、植物は育ちませんし、場合によっては害にもなります。そこで、それらを前もって微生物で分解してC/N比を15～20くらいに変換する必要があります。すなわち堆肥化です。

全国農業協同組合連合会を主体とした組織により「有機質肥料等品質保全推進基準」が作成されています。これによりますと「家畜糞等の原料から得られる堆肥はC/N比が30以下になるように」、と少し高いところまで幅を持たせて許容しています。いずれにしても15～30くらいのC/N比の有機物を土壌に入れることで微生物が良好に繁殖し、良好な土壌となることになります（武田、2002b）。

ちなみにミミズ繁殖の最適環境はC/N比が15～20くらいで、ミミズのエサとなる微生物群が豊富な環境であり、そこではダニや有益なセンチュウも豊富に存在する状態になります。

豊かな土壌環境に多いカビ、糸状菌のC/N比は腐食とほとんど同じ9～10です。また微生物一般の菌体のC/N比は3～5（細菌（バクテリア）の値は5.6）です（土壌微生物研究会編、1996）。

⑧　土壌への有機質炭素の補給を！
　　多くの国で炭素分が減少しています――

日本の土壌では昭和20年頃までは堆肥が使用され続けてきましたので、有機質炭素分が十分備わっています。C/N比の観点から見れば、特に有機質炭素を加えなくともこの先100年間は十分作物生産ができるといわれました。

しかし、そのように評価されてからすでに70年以上も過ぎました。この間は化学肥料一辺倒の農業が行われてきたように思われ、土壌中の有機性炭素分も減少してきている状況と考えられます。

そろそろ化学肥料ばかりではなく堆肥を見直し、有機性炭素分を土壌に加えるべき時期と考えなくてはいけないのではないでしょうか。

アメリカの土壌も、かつてバッファローが草を食み糞をしていた頃に比べると土壌にあった有機性炭素のほぼ半分を失っていると述べられています。近年の化学肥料を主とした慣行農法によって有機性炭素分が少なくなり、土壌生物のエサとなる地下に蓄えられている“炭素貯蔵庫”が枯渇していると警鐘が鳴らされています（D.R.Montgomery著、片岡訳、2018a）。

Ⅷ－(6). 土壌の微生物

ここまで、微生物によってタンカー事故の原油が分解されたこと、微生物は自然浄化の立役者であること、土壌微生物の生物多様性が高いほど植物は病気になりにくいことなどを説明してきました。下肥の製造や、硝石栽培などは土壌微生物の働きによることはわかりましたが、実際問題畑の土壌には微生物はどのくらい存在していて、それはどのような役割を担っていることになるのでしょうか。

① その存在量と保有している炭素分の役割———

普通の畑の土1gの中に24億個もの微生物がいるといわれ、畑10aに換算すると土壌微生物全体での重量は平均700kgにもなるといわれます。内訳は、カビがその内の70～75%で490～525kg、細菌が20～25%で140～175kg、その他ミミズやダニなどの土壌動物が5%以下で35kgと見積もられます。微生物全体に存在する成分は、窒素11kg、リン酸が8kg、カリウムが7kg、カルシウムが1kgもあり、さらに炭素分が70kgもあると述べられています（西尾、1989）。

一方、水田では土壌は嫌気的になるので嫌気性細菌が大部分を占め、一般に酸素を必要とするカビは少なくなります。

10aあたりの畑に存在する菌体の中には、上述した量の窒素、リン酸、カリウムがあることがわかりましたが、その存在量は普通作物生産における施肥量とほぼ同じ値になります。この状態では、施肥をしなくてもこれらの菌体が自己消化という現象で分解されることで当座の肥料となります。しかし、徐々に肥料分は減少していきます。

このような状態が続くようになると化学肥料の出番となります。窒素分やリン酸、カリウムなどの肥料が投入されることになりますが、有機炭素分はこの肥料の中には含まれていません。

やがて化学肥料の多量投入の弊害が現れてきて、最終的には微生物が育たない砂漠になってしまいます(後述)。これを防ぐために堆肥などの有機性炭素分を使用する必要があります。

② 異物のような栄養物が現われると———

一般的な畑の土の中は上述したような状態でありますが、耕作が行われていない土地や砂漠などの土壌は栄養分も乏しく、土壌微生物の種類も数も少なくなります。このような貧栄養な状態のところに突然栄養物が加えられたらどういう状況になるでしょうか、それらは微生物にとっては異物となるものも多いと思われます。

栄養物としては動物の遺体であったり、植物の倒木や枯れ葉であったり、生ごみであったり、原油であったりします。微生物にとっては、それまで置かれていた環境とは大きく異なり、環境が激変したととらえられる状況（異常事態）に置かれたことにもなります。

それぞれの栄養物がそれまで利用してきたものと同じ場合には問題はありません。また、多少異なっても、原油の分解のところで見たように、馴化の能力によりそれらを利用できるように自分自身を変えていくか、新しいものを利用できる代謝機能を持つものに進化するかなどしてこれらの異物を直に分解してしまうことになります。

多細胞生物は色々な機能や器官を一個体の中に持つことができますが、単細胞の微生物は一個体の中に機能を多く持つことはできず、その機能を持つ別の個体に進化することで機能を増やすような仕組みになっています。結果として微生物が代謝できないものはほとんどないといわれます。この微生物の潜在的な能力が地球を浄化してくれているのです。

それらの異物分解に適合するようになった多くの微生物の中には、これまで地球上になかったナイロンやPCBなどの化学物質を分解するものも、さらに、原油を分解できる機能を持った種類も、いずれも機能はまだ弱い欠点はありますが、出現したものと思われます。

③　アイヌ民族の自然観・土観———

アイヌの人たちは、人間は生物の先頭に立って自然の秩序を守っていかなければならないとして、大地に熱湯をこぼしてはならないとしていました。「熱湯をこぼすと土の下に眠る小さな生物たちを殺傷してしまうばかりでなく、そのことによってそこには1年も2年も木や草が生えてこないことがあるから」と土壌の生き物を大事に敬う自然観がありました（岩田、2004）。

④　農地には農作物の根、カビ、微生物、ミミズなどの
無給の労働力が住んでいる———

1940年にロンドンで刊行されたアルバート・ハワード卿の有機農法の著書『An Agricultural Testament』（邦訳『農業聖典』）に触発されて書かれ

たアメリカのロデイル氏の著書『有機農法』では「農地でものを燃やしてはならない」と説かれています。理由は土壌のミミズや細菌、菌類、原生動物、藻類及びその他の有益な土壌生物を殺してしまい、土壌の上層部2～3インチのところにある腐植を消耗し、土の肥沃度を低下させるからとのことです（J.I.Rodale著、一楽訳、1997)。農地にある農作物の根や、農地にいるカビ、微生物、ミミズなどは無給の労働者であり、それらを大事にするべきであると説かれています。これは、アイヌの人たちの思想と完全に同じ考え方です。

【コラム7．微生物はなぜそんなに一生懸命に働くのか】

微生物が活動するのは自分自身の個体の生命活動のためと、種としての子孫を残し増殖するためです。生命活動を維持するためにはエネルギーが必要であり、我々が食事をし、食べたものを分解代謝し、呼吸をしてエネルギーを得るのと同様、身のまわりにある有機物を分解して利用しています。

実際体内に取り込んだ有機物量のおよそ60～90%はエネルギーの発生のために使用され、二酸化炭素を排出していますが、残りの10～40%は自分自身の構成物質に再生されています。土壌中で微生物がこのように酸素を用いて物質代謝を行ってエネルギーを得、二酸化炭素を排出することは我々の呼吸と同じことであり、これは土壌呼吸と呼ばれています。この土壌呼吸の中には植物根の呼吸も含まれているので、土壌からの二酸化炭素の発生量からそれを補正して、年間の土壌有機物の分解量を計算してみますと、1haあたり炭素として3～7t、有機物に換算して6～14tもが分解されたことになると述べられています。また、年間を通じて暖かい熱帯では炭素としてさらに多くの6～8tが分解されている計算になるといわれます（久馬、2005b)。

もちろんこの大量の有機物の分解はほとんどすべて土壌微生物が自分自身の生育のため、および、子孫を残すために行っているものですが、我々から見たら廃棄物を分解し、土壌や地球の環境の浄化や資源の循環を、我々のために必死に行ってくれているように思われるのです。

Ⅸ．環境破壊の例

Ⅸ－(1)．地球の歴史における生物種の大規模絶滅

46億年に及ぶ地球の歴史において、三葉虫のような節足動物や軟体動物などが生育していた4.8億年ほど前のオルドビス紀から、人類が誕生する600万年ほど前までに、生物種の大規模絶滅が少なくとも5回起こりました。それらの絶滅はいずれも巨大隕石の衝突や火山の大規模噴火など地球科学的な原因で起こっていましたが、古い種の絶滅のかげには新しい種の出現がありました。また、生物の進化とも相まってその都度生物の多様化が進んで現在に至っています。そのような歴史の中で、地球化学者のC.LangmuirとW.Broecherは、人類は今、新しい大量絶滅を引き起こし、惑星に影響をおよぼしつつあると述べています(C.Langmuir & W.Broecher著、宗林訳、2014)。その理由として、過去の隕石衝突や火山噴火による絶滅まではひどくなくとも、エネルギー、資源、食料、人口、ごみの問題といった種々の環境破壊による地球への負荷が挙げられています。

農耕や牧畜を行うようになった古代文明から現在に至る過程において、第一次の環境破壊は森林を伐採してエネルギーとしての木炭を製造し森が消滅した頃であると、すでに前章のⅤ－(1)項で述べました。その後も我々の生活圏では、大気汚染、土壌汚染、水質汚染、海洋汚染などにより多くの場所で環境破壊が起こっています。過去、世界の四大文明発祥地のほとんども、同じような環境悪化で滅びてきたといわれます。自然界から人体にまで及ぶ環境の破壊を地球科学的とは異なる観点で考察してみます。

Ⅸ－(2)．四大文明の崩壊およびそれに続く文明は

①　インダス文明———

ムギの栽培やレンガ造りでインダス川流域の文明は繁栄しましたが、森林の伐採による川の氾濫が度々起こるようになりました。そこで、18

世紀に、当時としては世界最大規模の灌漑システムをイギリスの援助のもと作りました。しかし、100年後にはさらなる塩害が発生し、四つの古代文明の中では最初に滅びることになります。

原因は諸説あるものの、度重なる洪水や気象変動による環境の悪化によって急速に衰えたと考えられています。現在、その地は砂漠になっているとのことです（小野、2005；久間、2005c；森沢編著、2002a）。

② メソポタミア文明―――

メソポタミアは広大な森林地帯で、土壌と水に恵まれ、灌漑農業を行って華麗な古代オリエント文明を開花させました。しかし、やはり森林の伐採と過放牧による洪水で河床が上昇し、近隣の地下水位が上がって塩害が生じてしまいました。ヤギが草を根まで食い尽くし、降雨で土砂が流されたことも引き金になった上に、彼らは排水を重視しなかったため、その塩類集積や土壌の汚染を防ぐことができなかったのが崩壊の理由と考えられています。さらに、かろうじて整備した排水設備もその後攻め込まれた漢民族によって破壊され、土壌はその生産力を失ってしまいました。

イラク戦争初期に派遣された自衛隊が活動していた場所であるサマワの写真を見ると、地面は一面真っ白です。雪が降り積もったかのように見えるのですが、塩分が集積していることが一目瞭然で、農業に適さない土地になってしまっていることがわかります（朝日新聞、2004）。跡地であるイラクは現在4,000年前の人口の1/4の人口しか養っていません（富山、1974a）。

③ エジプトの文明―――

エジプトはアスワンダムおよびアスワンハイダムを造り灌漑を行いました。その結果毎年起こっていた洪水もなくなり、一時的には生産は向上しました。しかし、徐々に生産力が低下して30年で元の水準に戻ってしまいました。ナイル川の定期的な洪水によってアフリカ大陸からの肥沃な土壌の補給が断たれてしまったこと、そしてその洪水によって塩類や有害物が洗い流されていた「自然の浄化作用」がなくなったためでした。

古代エジプトでは毎年の増水量に応じて農民の租税額が決められていました。それほど洪水と収穫は密接な関係にあったのです。洪水により、1haあたり窒素分が32kg、リン酸が62kg、さらにカリウムが278kgも供給されていました。それが供給されなくなり、徐々に生産力が低下したことが理解されます（日本林業技術協会編、2004）。

また、一年中水が流れるようになった水路に、風土病を起こす寄生虫が発生するようになりました。その上、新たな有害物などが集積して環境が悪化してしまい、生産性がさらに低下してしまいました。ただし、巨大ダムによって興される電力によって工業化が進み、肥料工場などが整備され、食料生産のための化学肥料が生産できるようになり、大量に使用されるようになったといわれます（富山、1974b）。

5,000年以上も文明を継承してきたエジプトの持続可能であった農業は、塩害化などで農地が疲弊してしまい、優良な耕地は以前のわずかに6.2%にまで落ち込んでしまったそうです（森沢、2002b）。人口を養うだけの食料は得られず、現在は食料の輸入国になっています。

このように、エジプトではナイル川の下流にダムを作って農業だけでなく工業化につなげました。一方上流のエチオピアでもその後経済成長が続き、国内総生産（GDP）はこの20年間で11倍に、人口もこの間1.7倍以上に増加しました。そのエチオピアはアフリカ最大級のダム（グランド・エチオピアン・ルネッサンス・ダム）を発電と食料増産のために計画し、2019年夏現在で本体はすでに80%が完了しているようです。完成しますと日本最大の岐阜県の徳山ダムの貯水容量の100倍以上という巨大なダムになりますので、下流のエジプトでは水不足になるのではないかとの危機感が出ています（朝日新聞、2019）。

この水不足の問題は、前述したSDGsでもこれからの重要項目となっています。

④　中国文明———

中国は他の三文明とは異なり、古くから多量の下肥などの堆肥を施し、現在まで生産力を維持しているといわれます。しかし、最近では人口増加による食料不足もあり、灌漑を徹底的に行って食糧生産に努めるようになったため、今度は水が不足するようになりました。

“黄河の断流”といわれるが如く、黄河の水が渤海湾まで到達しない日が1970年代にはすでに9日間もありました。それが1993年には50日以上となり、1997年には1年の半分以上にもなる事態にまで陥ってしまいました。また、その断流も湾から上流700 kmにまで及ぶということです（小野、2005；柴田、2007）。

このような北部での水不足を解消するため、長江流域から北京へ水を運ぶ「南水北調」工事が2003年から行われ、2013年12月に完成しました。全長は1,432kmとのことですが、30万人以上の住民の立ち退きや、種々の環境破壊を伴っての完成です。送水後は長江の生態系に悪影響が起こり干ばつになるのではないかと懸念されていましたが、送水後の報道はあまりまだ見当たりません。

⑤　ヨーロッパの文明、アメリカ西部の開拓———

北ヨーロッパでは、農地を3つに分ける三圃式農業が行われました。冬穀としてコムギやライムギ、夏穀としてオオムギや豆、そして休耕地としての放牧地と、3つのローテーションを組んで土地を使ったため農業は崩壊しませんでした。その後、森林が開墾され破壊につながりましたが、丁度そのころアメリカ大陸が発見されて西部開拓が進んだため、ヨーロッパは崩壊を免れたといわれます。

アメリカ西部では開拓農民が降水量の少ない草原地帯に入植しました。河川沿いに浅井戸を掘りつつコムギを栽培したため、土壌は浸食されてしまい、結局旱魃と砂塵嵐に苦しむことになりました（粕淵、2010）。スタインベック著の『怒りの葡萄』は、砂塵嵐に苦しんだ1930年代のアメリカ西部を描いたものです（矢ケ崎ら編著、2003）。

文明が滅びる原因となった砂漠化、塩害化、不毛地化を防ぐにはどうしたらよいのでしょうか？

すでに見たように森林を守って保水に努め、土壌流出や洪水を防ぎ、堆厩肥など有機性炭素で土壌の肥沃化を維持し、腐植化に心がけ、堆積、蓄積する塩分や汚染物質を排水路で流去することなどが重要な鍵になると思われます。

現代においても環境破壊の大きな原因の１つは、古代文明が崩壊した原因の１つでもある森林・雨林の伐採と思われます。それを含めて種々の環境破壊の実情を眺めてみたいと思います。

Ⅸ－(3). 熱帯雨林の伐採による開発、環境破壊？

①　アマゾンなどの熱帯雨林の伐採―――

ブラジルでは、政府によるアマゾン開発計画のもと、1960年以降アマゾン縦断道路や横断道路が次々と新設され開発が本格化しました。道路に沿って熱帯林が伐採され、有用木材は持ち出され、それ以外の木は切り倒されて焼き払われました。人工衛星ランドサットから定点観察した写真を見ますと、たった17年間でかなりの密林が消滅していることがわかります。

裸地となった森林は農地になりました。その多くが肉牛を飼育する広大な牧場となり、森を飲み込むような放牧も行われるようになりました。違法な焼畑も行われ、焼却灰の肥料分が数年で無くなると、別の場所(森林)が焼かれました。取り締まりもままならず、いたちごっこのような状況が続いているとのことです。

ブラジルの熱帯雨林の7%ほどが破壊されたといわれますが、実際に3万7,000haもの広大な面積の自然林が減少してしまったと報道されました。この状況は現在も進行中です。また、ブラジル以外の国においても同様の伐採が続いており、ジャマイカでは1996年の時点で自然林の半分はすでに伐採されてしまったとのことです(朝日新聞、1996)。

ところで、熱帯林が伐採されると何が問題なのでしょうか？　熱帯雨林は植物の種類が多く、それら樹木の樹高が高く、昆虫をはじめ多くの生物が生育する地球上でもっとも生物多様性の高い場所と考えられています。また、樹木の生育も旺盛ですので伐採してもすぐに回復しそうに思われます。しかし、気温が高いことから有機物の分解が早く、その分解物も雨などで流されてしまいます。そのため、分解物が土壌にとどまることがほとんどなく、土壌はやせたままになってしまうといわれます。いったん木を伐採すると、若木が育たず、土壌浸食が起こりやすくなってしまうとのことです(大石、1999b)。

さらに、過放牧によって土壌が疲弊し、砂漠化が進行するようになり、環境破壊につながってしまっているのが現状です。

② 森林は二酸化炭素の吸収能が高いはずですが
それへの影響は？———

アマゾンの熱帯雨林は減少しつつありますが、それでも森林は光合成によって地球の酸素の20%を今も作出しているといわれます。森林の植物は二酸化炭素を吸収するので、カーボンニュートラルの考え(Ⅰ－(5)項)からも木を植えようとよくいわれます。確かに若い木々は成長が旺盛で、二酸化炭素を吸収して光合成を行い、幹が太くなって樹高が伸びていきます。しかし、いい換えれば、木の幹が太らなくなり、樹高も伸びなくなった状態というのは、光合成により二酸化炭素を固定する量と、その固定した生成物を生きるために呼吸や代謝に使って植物から排出する二酸化炭素の量がほぼ等しくなったということに相当します。

原生林や熱帯林などにおいて、森全体としてこれ以上成長しない森を「極相林」と呼びます。このような森では、二酸化炭素の吸収量と呼吸による排出量がほぼ等しくなっていると考えられます。樹種にもよりますが、70年を経過した木は二酸化炭素の収支はほぼ平衡状態になり、二酸化炭素の吸収を期待することはあまりできないともいわれています。

従って、森林に対しては伐採して切り出した木は使い、その後には植林をして森を再生させるというサイクルを行うことが重要になります。「伐採＝環境破壊」ではありません。再生させることが必要なのです。しかし、上で述べたアマゾンなどにおいては伐採は植林とは結びついてはおりませんし、跡地も砂漠化へ進みつつあるといわれ、結局は環境破壊が起こっていることになります。

さらに、植林を行ってもそのままの状態では不十分です。その後も間伐や枝打ちなどを行う必要があります。そうすることにより地面に光が届き下草が生え、腐葉土が形成されて整備された森になります。このような作業を行わない森は、たとえ植林されてもただの森であり、整備された森林には育たず樹木の幹も太くなりません。

二酸化炭素の吸収を意識するなら、古くなった森は伐採して木材として有効利用し、その後には植林を行い、枝打ち、間伐を定期的にきちんと行う必要があるといわれます（松永、2010）。

Ⅸ－(4)．略奪農業、農地の環境破壊

①　土壌は永久機関ではない———

水耕栽培などの特殊なものは別として、農業は農地（土）があっての営みです。昨今、その農地が作物を育てられなくなるまでに疲弊してしまう事態が起こっています。

トウモロコシ100tには土壌中の2tの養分が吸収されるといわれます。つまり、トウモロコシは養分を土壌から搾取しています。稲作においても、1haあたり稲の乾物に100kgもの窒素が土壌から吸収されています。また、アメリカの小麦産地ではコムギ1tを輸出すると土壌2tを輸出していることになるそうで、輸出を続けたところでは土の養分が減少して土がサラサラになり、風が吹けば飛ばされ、雨が降れば流され、砂漠の状態になってしまったと述べられています（岩沢、2010）。

このように、農業は土壌中の栄養分を奪う“資源収奪型の産業”であり、生産を繰り返すと土壌から必須元素や栄養成分が欠乏してしまいます。土壌は永久機関ではないのです。

それを防ぐには自然の循環を絶たないこと、自然の循環以上を酷使しないこと、土から得たものを土に返すという物質循環の道を探る必要があるといわれます（富山、1974c）。

②　1,000年以上も続く稲作———

実際、自然の回復力に頼る伝統的な「粗放式農業」は、まさしくこの物質循環の考えに沿った方法をとってきました。例えば、東南アジアの稲

作においては1,000年以上もの間、連作障害もなく、そのうえ特に肥料を与えなくとも毎年毎年10aあたり100〜150kgの収穫が得られてきています。

肥料も与えないのに収穫出来る理由は、まず、水田に生息するある種のバクテリアによる窒素固定や雷の放電による空中窒素の固定によって窒素分が供給されるからです。さらに、このような状況では多くの微生物が増え、それに伴って多種類の生物が生息する環境になります。それらの排泄物や遺体が分解されることで肥料になり10aあたり3〜4kgもの窒素がさらに水田に入る計算になります。他の必須元素も、山からの流水などから自然に供給されていると考えられます。

また夏季に水を張ることによって土壌が還元状態になり、鉄やマンガン、さらにリンなどの元素が可溶化される元素状態になります。これらが肥料として利用されるようになることなどによって、持続的生産が可能となっているのです。

③ 農薬や殺虫剤も無しにそれは可能だったのでしょうか――

現在ではほとんどすべての農作物を育てるのに多かれ少なかれ農薬などを使用しています。しかし昔はそうではありませんでした。農薬などを使用せずに、1,000年も前のお米の生産には問題はなかったのでしょうか？

実は現在でも農薬を全く使用しなくとも生産は可能です。その代わり、収穫量が落ちてしまうことが問題なのです。1991年と92年に全国60か所で、農薬を全く使用しないところと、農薬を使用したところとでの収穫量の比較実験が行われました。水稲に関しては無農薬では収穫が約60%に減ってしまいますし、リンゴでは97%もの減収になってしまったそうです。ただ、減るにしても、古い時代から稲作に関しては（あるいは、稲作に関しても）農薬などを使用しなくともそれなりの収穫は確保されていたことがわかります。

現在では「無農薬○○」という言葉は使用せず、有機JAS法で認定された「有機農産物」や「有機野菜」という言葉が使用されるようになっています。その認定にあたっては、国際基準に準拠した30種類の農薬の使用は認められています。以前に比べて毒性や残留性は低くなっており、登録された農薬を必要時に最低限の量を基準に則って使用しても良いことになっています(菅沼、2009)。

④　同じ稲作ですが、陸稲に関してはどうでしょうか———

ちなみに米作は、「陸稲(オカボ)」と呼ばれる水を張らない畑でも行なうことができます。しかし、この方法では連作障害が起こるうえ、土壌も好気的になるため肥料分も自動的には供給されなくなり、肥料の与え方も水田での与え方とは別の方法が必要となります。1,000年も持続できる方式とは別物で、一般的な畑作と同様となってしまい、昔からの稲作の特殊性はなくなってしまいます。

陸稲のように化学肥料だけでも稲の生育は可能であり、必要な養分を供給して生産はできます。ただ、この方法には再生産の考え方はありません。再生産の考え方を入れるためには、化学肥料以外に堆肥や厩肥が必要となります。これは取りも直さず、すでに述べてきた土壌におけるC/N比を調整するため主として有機(質)炭素分を供給することであり、その意味で“炭素肥料”と考えてもよいと思っています。

このような再生産の考え方を考慮せず、工業の感覚で農業を効率重視で実施した例と、その結果について次に述べたいと思います。

Ⅸ－(5). 農地の荒廃、土壌の生産力の維持のため有機性炭素を

①　アメリカの農業、10年で不毛の土地に———

アメリカでは、西部開拓のころから開拓農民たちが河川沿いに小麦を生産するようになったと既に述べました。その後、彼らは地下水灌漑(表紙写真参照)を利用し始め、地下水を大量に汲み上げました。その水は太古からの化石水でしたので、使用することにより貴重な資源が枯渇することになります。さらに、工業の論理に基づく機械化、単作化と呼ばれる単一作物の大規模生産化が行われ、化学肥料の多量投入も行われるようになりました。結果として家畜の飼育が無くなり、畜糞や敷き藁

などの有機物を土壌に供給することが止まってしまったので、土壌への炭素分の補給が無くなってしまいました。

さらに、大量に生産される余剰農産物が輸出に回されることで、大規模農業が発展しました。その結果、土壌の生態系を維持していた微生物や小動物の生育が無視されるようになって減少し、土壌の塩害化、砂漠化などが進み、肥料分のとぼしい土地へと転落してしまいました。

アメリカでは、たった10年で農業のできない不毛の土地が生まれたといわれました（中村、1998）。不毛の土地にまで至らなくとも、同一の作物を広範囲に耕作する単作農法は生物多様性から考えても片寄ってしまい、生態系が不安定化して病虫害が蔓延しやすい環境となります。結局、農薬の使用も増加し、勢い土壌構造も不安定化して退化してしまい、結果として土壌の裸地化、土壌の浸食化につながったところも出てきたといわれます（久馬、2005d）。

②　アメリカでもささやかな有機資源の活用、堆肥化、マルチフェスト運動――

土地が広く、大規模農業のイメージが強いアメリカですが、有機資源を有効に活用する動きもやっと出てきました。それまでも、堆肥化過程の分解（発酵）処理を経ずに家畜糞などをそのまま農地に撒いていたところはありました。しかし、臭気の問題が起きたり、発生したアンモニアガスから硝酸が生じて酸性雨のもととなったりといった弊害が生じていました（臭気などの問題に関しては後に述べます）。

このような状況で有機資源を有効に利用する機運が高まり、多くの州でコンポストを作成する技術者を養成するなどの活動も始まっています。特にメイン州では20年ほど前から1週間の実習込みのスクールが年2回開催されていて指導者の養成を行っています。

もっとささやかな動きとして「マルチフェスト」という活動（行事）がニューヨーク市で20年以上も前から行われています。アメリカではクリスマスにほとんどの家庭でモミの生木を使用して飾り付けをしますが、シーズンが終了すると膨大な数の生木がごみとして廃棄、処分されてきました。マルチフェストは、その生木をただ処分するのではなく有効にリサイクルするもので、作業場に持参すればその場でウッドチップに粉砕してくれるシステムです。そのチップを各自が持ち帰り、自宅の樹木のまわりにマルチ剤として撒き、自然と土に還るリサイクルを目的とした活動です。ウッドチップが不要ならば、得られるチップは公園などに使用されるとのことです（D.R.Montgomery & A.Biklé著、片岡訳、2016）。アメリカでもやっと有機資源を有効に活用する機運が起こってきているものと思われます。

日本でも庭の樹木の剪定枝を粉砕し、チップにする機械（シュレッダー）がホームセンターなどで市販されています。得られるチップを土に混ぜておくと数か月で腐葉土化し、立派な土になります。ただ、粉砕時の音が住宅街では大きすぎますし、器機のモーターの馬力不足のため著者は2台を使いつぶしてしまいました。得られるチップはマルチ剤として非常に有効に使用できましたが、個人でのシュレッダー処理には無理があるかもしれません。

最近の「仙台市政だより」によりますと、区の環境事業所に電話予約をして家庭でせん定した庭木の枝や幹を持ち込むと、原料チップに資源化してくれる取り組みが始まったようです。しかし、市内の道路の街路樹のせん定枝は部署が異なるので、残念ながらそのまま焼却処理されていると電話で問い合わせた時にいわれました。

③　化学肥料の多量投入の弊害とその肥料の吸収率———

化学肥料の多量投入は水質汚染を招きやすいうえ、肥料化合物の対イオンが塩として蓄積しやすく塩害化や酸性化を招くことにつながります。また、土壌の団粒構造を破壊するので、結果として浸透性や保水性を欠いて土壌が固くなり、団粒構造が壊れた土壌クラストが形成されて浸食が進み砂漠化に進みやすくなります。さらに、生態系に関しては微生物や小動物が生息しにくくなってしまい、結果として地力が低下してしまいます。そうなるとさらに化学肥料の投入を増やさざるを得なくなり、土壌の自己再生能力が減衰してしまいます。

図-10は川島博之氏がまとめたもので、人口1,000万人以上の65か国を対象とした、稲作を含めた農業生産における単位面積当たりの窒素肥料の投入量（横軸）と収穫物中への窒素吸収量（縦軸）の関係を表しています。「○」はそれぞれの国のデータです。これによると、オランダでは450kg /haもの窒素肥料が投入されています。図には示されていませんが中国の1995年の投入量は213kg /haにもなっているとのことです。それらの投入量に対し、下の緩い曲線は収穫物へ吸収された量の平均値が示されています（キューバとマレーシアは相関を求める際に除外したとのことです）（川島、1999）。

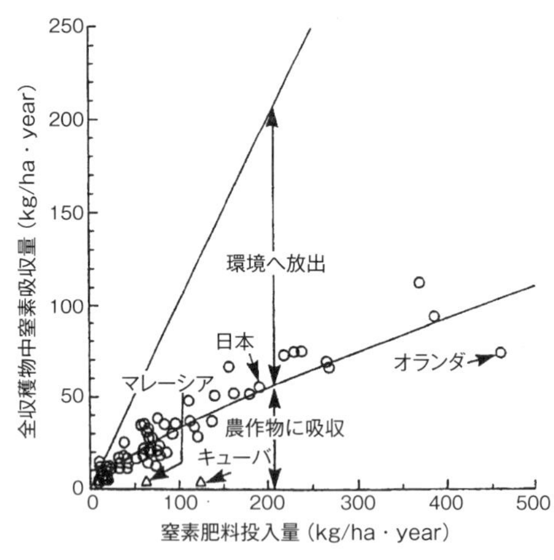

図-10　単位面積当たりの窒素肥料投入量と収穫物への吸収量
出展；川島博之,『用水と廃水』, 41, 901（1999年）

その曲線を基に窒素肥料の吸収率を計算しますと、平均値は投入量が低い国では総じて30%弱、投入量が高い国では23%ほどと読み取れます。特にオランダでの吸収率は16%ほどであり、残りは環境へ放出され汚染に回っていることがわかります。

前述したように日本の稲作は特殊性のある農法ですので、吸収率は約50%、ヘクタールあたり160kgの窒素肥料が施されています。しかし、図中に示された日本の値としては195kg近くの値が示されています。この図の日本でのデータは畑作などをも含めた全作物の平均値が示されていますので、値が大きく吸収率は低くなっているのです。

図中の上の投入量の直線と下の農作物への吸収量の平均値の曲線の差にあたる部分の量は作物に吸収されなかった肥料であり、河川や地下水、湖や海の環境に放出されたりして、富栄養化につながっている量に相当します。これらはまた別の環境の問題を引き起こしているのです。

④　メトヘモグロビン血漿―――

上で見たように、硝酸態窒素肥料は河川に流出したり、地下水を汚染したりします。そのような井戸水を飲むと硝酸態窒素は腸内細菌に還元されて亜硝酸になります。この亜硝酸は酸素を運搬する血液中のヘモグロビンの二価鉄を三価鉄に酸化してメトヘモグロビンにしてしまうため、酸素が運べなくなり、メトヘモグロビン血漿を起こすことがあります。この症状は乳児において顕著に起こりやすく、チアノーゼを起こして全身が真っ青になるので「ブルー・ベビー病」と呼ばれ、ヨーロッパでは死亡例も報告されています。

葉物野菜の中にも大量の硝酸態窒素が残留している例がありますが、日本ではこの病気の発症は多くありません。

⑤　他国の土の荒廃に加担している輸入食品―――

土壌の回復速度を上回る耕作は、従来型の循環型の持続可能な農業からはかけ離れた略奪農業です。それを続ければその農地の環境は破壊され、荒廃して使い物にならなくなるといわれます（小沢、1998；應和2005など）。

これを解決するには、その土地の養分を吸収して育った作物をよそに出さずにその土地で消費することです。そうすれば廃棄物や排泄物がその土地の土壌に留まり、土地の回復にも繋がるはずです。しかし、大量生産された作物は大消費地に移送されるか輸出されるため、循環型になっていないのが現状です。我が国のように多くの農産物や食料を輸入することは、他国の土壌を征服していることでもあり、よその国の肥料分や他国の水資源を輸入していることにもなっています（後述）。肥料分として土に戻すべき廃棄物や排泄物、さらに、日常的にはごみと呼ばれているものまで輸入していることを考える必要があります。人間は単に食物を食べるだけではなく、大地をも食べているといわれる所以です。

また、文明とは土壌の生産力の結果であり、いかなる文明も土壌の生産力を条件として発生してきたことは古代の四大文明発祥地を見れば明らかです。いかなる文明もそれを失った時に滅亡することは歴史が教えるところであると述べられています（富山、1974a）。

⑥　土壌中の有機炭素を増やすことが先決、その方法は———

これまで様々な観点から述べてきたように、土壌に堆厩肥や腐植物質などの有機性炭素が増えることで土壌微生物が増え、いわゆる環境保全型農業に繋がります。

しかし、人為的に堆厩肥などの炭素分を加えなくとも、土壌に蓄積される炭素分の大部分は根の浸出液によって増える微生物や浸出液そのものに由来するといわれます。そのため、一年の大半を通じて根からの浸出液を放出する被覆作物や根が土中深くまで伸びるような植物を育てることで持続的に増やしていく方法もあります。ただ、この方法では炭素蓄積の速度は遅く、採用してから数十年にわたり少しづつ貯蔵されていきますので、ヨーロッパの土壌の炭素濃度が貯蔵限界に達するまでに、少なくとも50年はかかるであろうと推定されています（D.R.Montgomery著、片岡訳、2018b）。

Ⅸ－(6). 我々の体における環境破壊

①　健康の維持を担う常在菌———

我々の体にも目に見えない多くの微生物（常在菌）が生息しており、体表面にいる菌は外部からの菌の侵入を防いでいます。また、腸内細菌はビタミンKなどのビタミンを合成してくれたり、免疫力を高めてくれるなど、普段は我々に利益を与えてくれています。中には、特段の害をもたらすこともなく「日和見菌」と呼ばれて多くの菌と共存しているものもあります。

感染症などによる病気にかかると、種々の抗生物質を処方されることが多いと思われます。その使用により原因菌を死滅させるのが目的ですが、それ以外の有用菌や日和見菌までにも効果を発揮してしまうことになります。

抗生物質はウイルス性の病気に対しては無力です。ただ、風邪などの体調不良の時には体力や免疫力が低下するため細菌に感染しやすくなっていることが多くあります。そのため、合併症の予防や治療のために抗生物質が処方されることが多いのです。

しかし、この様な状況は多くの微生物にとって生育環境の破壊に繋がり、結果として思わぬ事態を招くことにもなります。

②　ミクロの世界の環境破壊、院内感染との攻防——

病院での院内感染の主役は、抗生物質や消毒薬に強い緑膿菌です。1980年代に緑膿菌に効果のある第三世代セフェム系抗生物質が開発され、それを使用するようになって院内感染は追放されていきました。しかし、緑膿菌は善玉菌としての役割も担っていました。緑膿菌には、病気を起こすこともある黄色ブドウ球菌という常在菌が勝手に増えるのを抑える力があったのです。緑膿菌がいなくなったことで黄色ブドウ球菌が自由に振る舞うようになり、さらに抗生物質に耐性になることで強力な細菌に変化してしまいました。

もともと、ブドウ球菌と緑膿菌は弱い共生関係にあり、体内でバランスをとって住み分けていました。その片方を排除してしまったため、もう一方の黄色ブドウ球菌が増えてしまい、抗生物質に耐性な強力な菌に生まれ変わったというわけです。その結果MRSA（メチシリン耐性黄色ブドウ球菌）感染症といわれる重篤な多臓器不全を起こす院内感染症が逆に発生してしまいました。

この問題は、抗生物質の開発とそれに抵抗する菌の生き残り戦略とのイタチごっこの結果とも考えられますし、体内のミクロの世界の環境破壊がもたらした結果とも考えられます（中原・佐川、1995）

③　コアラに対する手厚い保護で腸内環境が変わった結果——

コアラがオーストラリアから日本に最初に来たのは1984年で、名古屋の東山動物園でした。コアラはユーカリの葉を主食としています。ユーカリの葉は栄養分が少なく、しかも硬くて青酸などの毒をもつ上、600種類もあるといわれるユーカリの種類のうちの20種類ほどしか食べないともいわれます。同園では何種類かのユーカリの木を方々に依頼して植樹して、受け入れ態勢を整えてきました。その上でオーストラリアの当局と交渉してやっと迎え入れることができました。

コアラは、東京上野動物園のパンダに次ぐ国内初の目玉動物でもあるので、東山動物園ではコンクリートのきれいな居室を用意し、体調を崩したときはすぐに抗生物質などを飲ませるなどして、至れり尽くせりの管理を行いました。

栄養分の少ない繊維質の多いユーカリの葉しか口にしないため、コアラの腸は10mもの長さがあり、その上盲腸が2mもあります。そこに多くの腸内細菌が住み着いていて、ユーカリの葉を時間をかけて分解します。盲腸では毒素を発酵させて無毒化して栄養分に変えています。

しかし、もともとオーストラリアの森の中の環境で暮らしていたコアラにとっては、生活様式が一変してしまったことになりました。その結果、丁寧な医療体制が組まれたにもかかわらず、風邪を引くなど体調を崩した後で次々と死んでしまいました。

結局、病気の治療のために与えた抗生物質で、本来備わっている生命活動に必須の腸内の常在菌までもが居なくなり、死に至ったことがわかりました。

体内の環境が破壊された結果の極端な例の1つと思われます。

Ⅸ－(7). 環境破壊と生態系、病気

① 文明化によってもたらされた病気———

自然環境が変化することで生態系が変わってしまうことについてはすでに述べました。この「変化する」という言葉には、自然を開発・改変するような文明化の作業や施策の結果も含まれています。人の移動が増え、都市化が進むのも必然とも考えられます。すでにⅣ－(3)でも触れたように、コレラやペストももともとはある限られた地域の風土病であったり、森林原野の動物の病気であったりしたものが都市社会に広がった病気でした。現代においても、ある生態系にひっそりと生育していて知られることのなかった病原菌やウイルスが表に出てきて、人間社会で感染

症として広まる事態が近年多くなっています。

例えば、90%以上の致死率といわれたエボラ出血熱やマールブルグ熱感染症は森林開発がもとで現れました。ラッサ熱、ハンタ・ウイルス感染症やライム病は都市化や戦争によって広まりました。家畜伝染病としてニパウイルス感染症なども起こっています（藤田、2001a）。

正当な開発はもとより、違法・無法な環境の破壊がなされた時は特に深刻です。それまで知られていなかった感染症などが医療技術の届かないところで発生するようにもなります。別のいい方をすると、我々人類が、これまで離れた環境で生息していた彼らの生活圏に入り込むようになった結果とも考えられます。

② 病原性大腸菌O157――

夏になると病原性大腸菌「O（オー）157」の話題をよく見聞きするようになります。この病気はハンバーガーの肉によって感染した患者がアメリカで出たのが最初で、当初は年に数名の感染者が出るくらいでした。その後、その菌を持つ牛から食用となる牛肉にまで感染が広がり、感染が多発するようになりました。

大腸菌という名前が付いていますが、もともと赤痢菌が持っていた志賀毒素の遺伝子がこの大腸菌に形質導入されています。従って体内で菌が増えれば赤痢菌の毒素が作られるので、赤痢と同じ症状が現れることになります。従って、病原性大腸菌O157は、名前こそ大腸菌ですが赤痢菌と読み代えてもよい菌なのです（黒木、2007）。また、1996（平成8）年に大阪府堺市で起きた「堺市学童集団食中毒事件」では、発病した学童と遊んだ幼い弟妹や看病した祖母まで感染したとのことで、O157は伝染病菌と考えなければいけない菌ともいわれます（三瀬、1998a）。

O157が原因で死亡者が出たのは日本やイギリス、アメリカなどでした。しかし、発展途上国では、たとえ便からこの菌が検出されても1人も病人が出なかったということです。彼らの腸には日頃から普通の大腸菌を含めて多くの菌が共生して存在しており、菌の多様性が豊富であったがために、たとえ新参者の大腸菌O157が入ってきても増殖ができなかったと考えられています。

健康な人の大腸には、主として4種類の大腸菌が存在しています。その時の健康状態などによってその種類が入れ替わりながら共生関係を続けていますが、それらは存在していても我々の生活には全く問題はありません。また、大腸には多くの乳酸菌類も常在していて、健康や寿命、さらには肥満とも関係しているといわれています。新たに体内にO157菌が入ってきても、増殖が不可能だったと思われます（藤田、1997）。

そのように考えられる理由として、O157菌は「やわな大腸菌」と考えられるからと藤田先生は述べています。つまり、生きるエネルギーの相当部分を毒素生産のエネルギーに費やしているため生きる力が非常に弱く、正常な腸内細菌を持つ人ならば排除されるし、熱にも弱いのであろうとのことです（藤田、2001b）。

③　無菌化思想の落とし穴。抗菌グッズは日本だけ？———

近年の無菌化思想の広がりで「抗菌グッズ」がブームとなり、学童用品のノート、消しゴム、ランドセルなどにまで普及しました。しかし、「抗菌」という単語に惑わされてはいないでしょうか？　このブームは日本だけのようです（青木、2000b）。これらの抗菌グッズには、医療用に開発された各種消毒剤や抗菌作用のある物質を混ぜ、弱い殺菌力を持たせたものが使われている例もあります。しかし、それらの薬剤はもともと医師の使用のために生産され、免疫力の落ちた患者用に使われたものです。一般の家庭にまで広まることを想定しての薬剤ではなかったのです。それゆえ「抗菌」という言葉にも注意が必要となるのですが、それが使用された製品が広く一般社会にまで広がってしまいました。

このような抗菌グッズを使っているからといって、病気の予防に役に立つようなメリットはありません。逆に、使うことによって身のまわりの常在菌が少なくなってしまい、本来持っている免疫システムが弱まって、かえって病原菌が生育できるようになってしまうのではないかと心配されています。

このような世の中の動きのなかで、1996（平成8）年5月、岡山県邑久町の小学校で病原性大腸菌による集団中毒事件が起こりました。事後の聞き取り調査をした東京医科大学の中村明子教授によれば、その学校では、菌が体内に入った児童でも30%は無症状であり、60%は軽い下痢を訴える程度であったことがわかりました。しかし残りの10%は重篤な溶血性尿毒症を呈していました。その10%の児童たちの清潔度の調査を行ったところ、すべての児童が神経質であり、清潔志向の親のもとで育てられたと報告されています（藤田、2001b）。

上記の②項および③項を含めた内容の講演をしたとき、ある大学の名誉教授の先生が来られて、「研究室に在籍していた東南アジアの留学生が、日本で数年生活した後に本国に帰ると、直後しばらくは下痢などの症状が続くと度々話していたのを聞いていました。今の話と全く同じことですね」と納得されておられました。まさしく日本で生活し、体の常在菌や腸内環境が日本の、それなりに清潔な環境の状態になったところで帰国したため、現地の人なら問題にならないような菌によって症状が現れた結果と思われます。

日本から海外に出かけたときの下痢を防ぐにはどうしたら良いかという質問に対して、2004年当時のNPO法人の海外渡航者健康管理協会の橋本博理事長は「市販されている乳酸菌やビフィズス菌などの整腸剤を現地に持って行って、食前に飲めば少々食中毒菌が体内に入ってきても発病まではは至らないでしょう」と述べられていました（朝日新聞、2004）。菌をもって菌を制すという考え方であり、上記の内容と同じ趣旨のことです。

これらの事実を考えるに、あまり清潔過敏症になるのは考えものと思われます。我々も自然の一部であり、多くの菌を含めての生物と共生していますので、むやみに過度の清潔に走ることは慎むべきでしょう。体内や体表面にいる多くの常在菌とうまく付き合い、日和見菌を含めてそれらを大事にする必要があるように思われます。

過度のきれい好きは、どんどん自分自身を不自然な状態にしてしまい、弱くしているといえます。人間も自然の一部であることを忘れないようにしたいものです（青木、2004）。

④　食中毒を発症する病原菌の数

（少量なら体内に入っても発症には至らない）———

ところで、我々の身のまわりには多くの菌が存在していて、病原菌を含めて日常的に体内に取り込んでいる場合が多いはずです。それでも、それが原因で即発病とはなりません。例えば腸炎ビブリオという食中毒において、症状が現れるには体内の菌が500万から1,000万個以上になってからといわれます（食品微生物学ハンドブック、1995）。また、サルモネラ属の菌は通常1万から10万個程度の菌量まで増えないと発症しないといわれています。

従って食中毒に関しては、病原菌が身体に入ってきても一定の数まで増殖しなければ一般的には発病しません。食事の後、数時間経ってから症状が現われるのは、体内でその菌数まで増えるのにかかった時間です。しかしそのような菌が入っても常在菌が安定に十分存在していたり、食事前に整腸剤代わりに乳酸菌などを摂っていたりすれば、少々の病原菌が入ってきてもこれらの菌の増殖が抑えられ発症（発病）するまでには至らないということでしょう。

ただし、O157に代表されるベロ毒素をつくる病原性大腸菌は、腸管に入った菌数がわずかでも発病するようです。わずか10個から100個ほどの数でも病気を起こすといわれています（三瀬、1998b）。1996年秋に盛岡市の小学校で起きた集団発生時の菌数を調べた大阪府立公衆衛生研究所の小林一寛主任研究官によると、わずか11～50個で症状が現れたと報告されています（朝日新聞、1997）。

最近、幼稚園などの集団生活の場で問題になっているノロウイルスによる胃腸炎も、菌ではありませんがウイルス量が少なくとも発症するといわれ、患者の嘔吐物の処理に注意が向けられています。

⑤　会社の机上の細菌数はトイレの便座の400倍！———

殺菌シート製造会社とアリゾナ大学の研究によると、ニューヨークやサンフランシスコなど4都市のオフィスで採取した7,000のサンプルを分析したところ、オフィス内で1平方インチ当たり平均2万961個の細菌が見つかったとのことです。最も多かったのは電話の受話器で、次いで机の上、水道の蛇口、電子レンジのドアの順で、机の上の細菌は便座の400倍もの個数とのことです（朝日新聞、2002）。

オフィスに細菌がいたから、また、多かったからといって、特に問題にすることはないでしょう。多かった部分をアルコールなどで消毒するようなことは、これまで述べてきたことから考えれば必要はなく、普段の掃除のときに汚れを拭くくらいで十分と思われます。

ただインフルエンザや新型コロナウイルスといった特殊な病気が流行っているときなどは、外から帰宅したら手洗いをし、うがいをするなどの注意が必要です。

【コラム8．マサイ族の傷薬は泥！】

マサイ族の人たちは、けがをした時や、耳飾りをするために開けた穴に、さらに出産時の臍の緒のあとなどの切り口などにも泥を塗って済ませていたとのことです。我々から見たら「清潔にすべき場所になぜ泥を？」と思いますが、土の中に生息しているカビに含まれる抗生物質を利用しているのであろうと考えられています（家森、1995）。

すべてがこの方法で傷などが良くなるわけではないでしょうし、現在ではこの方法はすたれているかもしれませんが、考え方としては多くの菌で守られているので少々の雑菌が入ってきても問題が発生することは“あまり”ないということでしょうか。

Ⅸ－(8)．環境を壊した代償

① 鳥退治をした結果、害虫が大発生――

かつて中国政府は、鳥の群れによって大量の穀物が食べられていることに危機感を持ち、スズメをはじめ木の枝にとまるすべての小鳥を、ネズミやハエ、カと同様に国家の大敵として退治しました。当時の毛沢東支持者に率いられ、数百万人の中国人が1958年の3日間で30万羽を駆除しました。その結果、生態環境が損なわれ、生物間のネットワークが乱れて害虫が大発生してしまったということです。生態系のバランスが壊れると思わぬ結果になることの1つの例でしょう。

確かに病害虫の被害は、収穫前の穀物の30%から40%もあるといわれます。アメリカでも病害虫によって収穫量の1/3は失われているといわれます。農地には8,000種類の昆虫および8,000種類の有害菌が生息しており、また、160種類の細菌や250種類のウイルスも存在しているといわれます。さらに、それ以外に2,000種類もの雑草も収穫に被害をおよぼすと考えられています（Y.Baskin著、藤倉訳、2001b）。

しかし、被害があるからといってそれらを即駆除するのではなく、生態系全体で考慮する必要があります。それらの関係を以下にまとめてみました。

② ゾウムシの被害———

1994年、アメリカのテキサス州リオ・グランデ渓谷で大発生したゾウムシを退治するために、農薬のマラチオンが空中散布されました。これにより98%は駆除できるといわれましたが、その代わりにアワヨトウやアブラムシが大発生してしまいました。その結果、綿花の収穫はそれまでの30万8,000ベール（梱包された俵や箱の単位）から5万4,000ベールにまで激減してしまったそうです。これは農薬を散布したためにクモやジガバチなどのゾウムシの天敵までもが死滅してしまった結果といわれ、長期的には逆効果になってしまいました。生態系がかく乱されると思わぬ結果を引き起こす例といえます（Y.Baskin著、藤倉訳、2001c）。

③ 食物連鎖のピラミッド構造が分断されると———

生態系において、生産者から消費者への食物連鎖のピラミッドを作った時の頂点にいるワシやタカの生息は自然環境を示す1つのバロメーターです。

この食物連鎖のピラミッドの三角形の底辺には表土があります。そこには土壌微生物やダニ、ミミズ、モグラなどの“分解者”と呼ばれる生物が生息しています。彼らは、生を全うした動物の遺骸や植物の枯死体

(リター)などを分解し、そこに生えてくる植物への栄養物を作っています。続いてその表土の上には自然界の生産者である植物が繁茂し、その上に存在する生き物に食料を供給しています。また、多くの昆虫も生息しており植物から蜜などを受け取って生活しています。さらに、それら昆虫を捕食する鳥や小動物も住んでいます。これらは自然界では消費者といわれる動物たちで、その頂点にはその環境に住める高次消費者（タカやワシなど）がいるといわれます。これらの関係は、丁度ピラミッドのような三角形の生態系と考えられ、自然界には至る所にこのような生態系が出来上がっています。フクロウやタカが見られるのは、それらが住めるような自然環境がそこにあり、このようなピラミッドの生態系がそこに備わっていることを示しています。

シジュウカラが生きるためのピラミッドの底辺は1haの縄張りですが、ひとつがいのサシバには50haの底辺が必要です。また、オオタカでは100～200ha、イヌワシでは6,000haもの生態系の底辺が必要といわれます。

例えば、このような環境の中に道路が設置されると、その環境が分断されてしまいます。分解者、生産者、消費者とつながっていた大きなピラミッドが不完全となり、それらの生息域が破壊されて小さくなってしまいます。結局広い大きな生態系がなければ生息できないといわれるタカやワシが生息できなくなるという事態になってしまうそうです（日本生態系協会編、1999）。

ちなみに、オオタカは開発などの影響で1984年には日本全国で300～480羽にまで減ったと推定され、希少種に指定されていました。しかし2008年の推計では5,000～9,000羽にまで増えたといわれます（朝日新聞、2017）。指定は解除されたということです。

④　生態系を支配する「キーストーン種」を駆除すると――

恐ろしいハンターで迷惑ものと目されていたヒトデを海の環境から駆除すると、ヒトデの主食であるムラサキイガイなどの二枚貝の固着性生物が増え、それが岩の表面を覆い尽くすようになりました。その結果、岩の表面から生える藻類の生育スペースが無くなり、生育しにくくなります。また、その藻類を餌とするヒザラガイやカサガイも生育しにくくなるとわかりました。結果としてヒトデ・藻類を含めて15種類が生育していた岩礁は、1年半後には8種類に減り、さらに3年後に7種になり、その後7年でムラサキイガイ1種だけが繁栄するようになったといわれます。

生態系においては生物どうしのつながりは複雑であり、1つを取り除くことで生態系のバランスがくずれ、予期しない事態をまねくこともあることが分かります。その環境の生態系を支配していた生物のことは「キーストーン種」と呼ばれますが、この場合はヒトデであると判明しました（大石、1999c）。

これらの結果はアメリカの生態学者のロバート・ペイン氏によってなされた研究であり、2013年度のコスモス国際賞が彼に授与されました。研究のきっかけは磯で貝を食べるヒトデの観察でした。この実験結果は日本の高等学校の教科書にも載っています。

彼らはその後、海の捕食者であるラッコが、海藻を食べるウニの生存をコントロールしていることを研究し「栄養カスケード」なる概念を提唱しました。ある種の生物が生態系の下層へ段階的に影響を与え、生息する全ての生物は何らかの方法でその生態系に依存しているという内容が含まれています（W.Stolzenburg著、野中訳、2010a）。

動植物の共生関係は草食動物や捕食者間でのネットワークが出来上がっており、そのうちの1つがつまずくことでバランスが崩れ、何年か、あるいは何十年か後にカスケード効果が現れると述べられています。

⑤　森林破壊によりライム病が発生———

北米ではイギリスからの移民が到着した時から森林が破壊され、北東部一帯の森林地帯のほとんどが破壊されつくされたといわれます。その結果マダニが蔓延し、スピロヘータという人獣共通の細菌による感染症であるライム病が発生しました。その発生の因果関係は複雑ですが、以下のようなカスケード効果によります。

まず、森林地帯の破壊の後、丸裸になった地域に植林を始めましたが、それまでのオークやカラマツの巨木の代わりに小型のシラカバなどの背の低い灌木しか戻ってきませんでした。そのような生態系の変化に呼応してオオカミやピューマなどの肉食動物が姿を消し、捕食者がいなくなったために、シカやシマリス、ネズミやマダニなどが現れるようになりました。新しい生態系のすきま(ニッチ)には病気を媒介する昆虫やネズミなどのげっ歯類が生育するようになりました。こうなった後ではいかに頑張ってもマダニとシカを追放することはできず、シカの血液を好むマダニがライム病のスピロヘータをヒトに伝播するようになってしまい、ライム病が蔓延してしまったということです。

新しい病気であるライム病の発生には、長年行われてきた北米の森林破壊と森林再生の過程が密接に関係していたということです(藤田、2001c)。

⑥　環境から捕食者を駆除するとどうなるか。
　　アメリカでのオオカミの再導入――

オオカミは、1万2,000年もの間、アメリカのイエローストーン国立公園では森の王者でした。しかし、上で見たような生態系の変化で減少した上に、近代になり、ヒトや家畜に危害を加える最強の捕食性の害獣であると考えられて駆除や捕獲が行われました。1926年を最後にその存在は確認できなくなり、1973年には絶滅危惧種に指定されたほどです。オオカミが絶滅した結果、大型の野生のシカ、ワピチが3万5,000頭にまで増え、彼らが木々の若芽や新芽を食べつくしたため、森全体が急激に変わってしまいました。立木は枯死し、土壌が浸食され、川の土手に緑はなくなり、川岸は削られ垂直に落ち込み、川辺の土壌は洗い流されてしまいました。鳥たちやビーバーが暮らせる場所でもなくなってしまい、さらに生態系が変貌してしまいました。

現地ではワピチの捕獲作戦もままならず、オオカミの再導入が議論されるようになりました。反対や慎重論もありましたが、生態系回復のため1995年に8頭、さらに96年までに計66頭のオオカミが放たれました。その後10年でオオカミは300頭にまで増えました。オオカミの帰還によって生活が最も変わったのはコヨーテで、数は半減しました。コヨーテに締め付けられていた動物たちの暮らしは復活し、鳥や昆虫なども元に戻りつつあるといわれます。

ワピチはオオカミに襲われる恐怖心から暮らしぶりが変わり、川辺や平地には現れなくなり、お陰で、ポプラやヤナギなどの植生も生態系全体も回復しているとのことです（W.Stolzenburg著、野中訳、2010b）。

アメリカの魚類野生生物局によれば、イエローストーン国立公園のあるロッキー山系北部全体で、オオカミは2011年末には1774頭まで増え、絶滅危惧種の指定が解除されました。この年のオオカミによる家畜の損失は牛が193頭、羊162頭とのことですが、一方、同年に狩猟や駆除で死んだオオカミは500頭近くになるといわれます。駆除と保護の両面で生物種としての健全性が保たれる個体数の維持に努めているとのことです。（朝日新聞、2012）。

日本から野生のオオカミがいなくなったのは100年以上前です。その後、日本の森には、アメリカと同様にシカが急増しました。その結果、農作物の被害だけではなく自然の森林への食害も起こり、さらに、尾瀬や南アルプスの高山植物までをも食べつくしてしまうようになっています。シカがこのように増えたのにはオオカミがいなくなったことだけが理由ではなく、シカ皮やシカ肉の需要が減ったことや、ハンターの減少と高齢化のため狩猟そのものが減ったことも理由と考えられています。また、耕作放棄地が増え、天敵がいないなどの理由も挙げられます。

イノシシ、サル、カモシカなども同様の被害をもたらしていますが、日本の山村から人がいなくなり、農地や森林の管理ができなくなり、里山などの緩衝地帯がなくなっているのが大きな理由のようです。

⑦ 天敵として、または、趣味のために
外来生物を持ち込んだ結果――

害獣や害虫などを駆除するために天敵として持ち込んだ生物により、その地域の生態系が変化したという例は方々にあります。かつて沖縄本島ではハブの被害が深刻で、毒を消す血清がなく、かまれると死亡するケースも多く発生していました。そのハブを駆除するためにインドから21匹のマングースが持ち込まれました。しかし、そのマングースはハブを食べてはくれず、ニワトリや野鳥などを襲うようになってしまいました。その上、数を増やしてしまい、沖縄固有のヤンバルクイナの生息する森林にまで生育範囲を広げました。本来の目的以外のところで生態系の攪乱が起きてしまっているのです。

生活圏への外来生物の移入は、天敵としてだけではなく趣味や娯楽のために持ち込まれることも多くあります。オーストラリアでは、イギリス人入植者によってウサギが放たれました。祖国で親しまれていた狩猟目的のためです。ウサギは乾燥した環境に適応し、競争相手や捕食動物もいない環境で驚くべきスピードで繁殖して、在来の動植物に壊滅的な影響を与える有害動物となってしまいました。ある島では在来種の哺乳動物の70%近くが消滅したともいわれています。

そこで1950年に、ブラジルのウサギが持つ粘液腫ウイルスが持ち込まれました。蚊が媒介するこのウイルスはヒトや南米のウサギには無害ですが、ヨーロッパのウサギには致死性でした。このウイルスが持ち込まれるとオーストラリア中に蔓延して、ウサギは初期の間は次々に死にました。しかし、2年後には毒性は90%に減少し、病気にかかっても死なないウサギが出てきました。時とともにウサギもウイルスも進化し、ウサギと病気が平衡状態になったことで多くのウサギが感染を免れるようになってしまったということです。

これと同じような進化の過程が昔からヒトと有害な微生物の間にも存在しています。1521年、わずか数百人のスペイン人が強大なアステカ帝国を征服できたのは、現地の人に全く免疫のない天然痘が伝わったためとされ、ヨーロッパの病気がアステカ人を全滅させたといわれています（T.J.Moore著、中原訳、1995）。

最近では、ペットとして飼われていた動植物が自然へ放たれたり逃げ出したりすることで、生態系のバランスが崩れてきてしまう例も多く報告されています。日本でも、例えばアライグマははじめはペットとして輸入されましたが、気性が荒いため飼い主が扱いきれなくなり、自然に放たれたことで農作物や家畜への被害が出ています。

釣りの楽しみのために北米から持ち込まれたブラックバスという魚は、動くものは何でも食べるといわれるほどの悪食です。同じ環境に棲む日本在来のフナやエビなどがブラックバスに食べられて数が減少してしまい、影響が心配されています。

⑧　日本からアメリカに渡った外来種。外来種がはびこる理由――――

1876年のフィラデルフィア万博で、日本のクズが初めてアメリカに紹介されました。高い飼料価値を有することから、その後、アメリカ南部で栽培されるようになりました。しかしクズはすぐに野生化してしまう特徴があり、栽培を始めたアメリカ南部では数 km にわたって大繁殖してしまう厄介者になってしまいました。日本ではそのような繁殖にはならないのに、なぜそんなことになってしまったのでしょうか？

カナダの研究者クリロノモスが、カナダに古くから自生している固有種の植物と、最近侵入してきた外来種の植物を、滅菌した土壌と普通の土壌とで育てる比較実験を行って、理由を科学雑誌ネイチャーに発表しました。それによりますと、外来種は滅菌した土壌と普通の土壌とで生育に差はなく普通に生育しました。しかし、固有種は滅菌土壌では外来種と差はなく旺盛に生育しましたが、自生地の普通の土壌では外来種に比べて生育が抑制されていたそうです。

この結果からクリロノモスは、外来種が大繁殖する理由を導きだしました。つまり、普通の土壌で固有種の生育が抑えられているのは、そこの土壌の病原性微生物に感染することで大きく生育できないことが原因であり、新しい土地に侵入した外来種が旺盛に生育できるのは外来種にとっての病原性の微生物がその新天地の土壌にはまだ存在しないためであるというのです。その証拠の1つとして陸の孤島であるニュージーランドでの観察があります。島に過去に侵入した外来植物の生育の度合いを調べると、侵入後の年数に比例して土壌微生物による生育抑制度合いが増加していることがわかったとのことです。また、外来種が固有種と同じくらいの生育抑制を受けるまでには100年以上もの時間がかかっていることもわかったとのことです。

以上のクリロノモスの研究内容は、弘前大学の杉山修一氏の著書『すごい畑のすごい土』（杉山、2013）に詳述されています。

やっかいな外来種の問題にも、土の中の微生物との関係があったことに驚かされます。

⑨　ダムを作ったことで自然環境が大きく変わった例――

ダムを作ったためにそれまでの自然環境が変わってしまった例もあります。エジプトにアスワンハイダムが出来たことで、東地中海の漁業に大きな打撃が生じ、豊かな資源を誇っていたイワシ漁業が壊滅状態になったといわれます。それまでは、ナイル川の有機沈泥物が海に流れ込むことでプランクトンが発生し、豊富な好漁場が維持されてきました。しかし、その栄養物がダムでせき止められたため、海中のプランクトンは1/3に減り、代わって塩分が増加したことが理由といわれます。ナイルでは「澄んだ水は驚異でしかない」といわれているそうです（富山、1974d）。

山の森林から栄養分が海に流れ込む例をこれまでも述べてきましたが、このナイル川の例はさらにダイナミックな例であると考えられます。

【コラム9．地球最大の環境破壊者は酸素！】

今から20億年ほど前、原核生物の繁栄期の頃に、ある種の藍藻類などの光合成細菌が発生し、酸素を排出するようになりました。それまで酸素の全くない嫌気的な状態に繁栄していた生物たちにとって酸素は猛毒となり、ほとんどすべての生物がこの時に死に絶えたといわれています。地球最大の環境破壊となりました。

ひと口に酸素といっても、様々な電子状態の分子があります。この時に嫌気性環境下で生育していた生物に猛毒となったのは、まずは酸素そのものの反応性や酸化力でした。

それ以降は、酸素を利用できて、嫌気性生物よりも20倍近くのエネルギー効率で生育できるように進化した好気性生物が現れました。つまり、そのように進化した生物は、エネルギー代謝をつかさどるパートナーとして酸素を使用するようになったのです。ただし、活性酸素と呼ばれる分子種はそのような生物にとっても反応性が高く、毒性が強い分子種です。そこでその活性酸素を消去できる機能を持った生物に進化したことになり、酸素そのものは猛毒ではなく、生命活動に必須のものになりました。

しかし、今でも酸素は毒といわれることもありますし、被害を与える厄介者でもあります。毒と考えられるのは活性酸素のことであり、被害を与えることに関しては酸素の酸化力のことです。例として、食品の過酸化物の健康に対する被害などが挙げられます。我々の病気のほとんどは活性酸素が原因であるともいわれます。

病気の元凶はストレスであると一般的にいわれていますが、ストレスを受けたことにより活性酸素が発生するため、その元凶は酸素といってよいでしょう。

放射線による人体への害も、最終的には活性酸素によって遺伝子、DNAが損傷を受けることに起因し、がんなどが発生することがわかっています。

活性酸素には功罪があります。功の面としては、活性酸素は活性であるが故に病原菌を殺すために体内で発生してくれることが挙げられます。時と場合によっては我々の生命活動には必須のものとなります。しかし、殺菌に見合う量より少ない量では不完全になってしまい、病気を治すことができないため、必ず余裕をもって少し余分に発生するようになっています。殺菌し終わった後に余った活性酸素、つまり必要以上に生じたものは別の害を生じることになります。代謝活動で酸素を利用する過程においても必ず数%は活性酸素が発生するといわれます。

このように、過剰に生じるなり、残ってしまった活性酸素を消去する機能として「スーパーオキシドディスムターゼ」という酵素がヒトを含め好気性生物には備わっており、それを無毒化しています。さらに、我々はそれ以外に還元性ビタミンや抗酸化剤としてのポリフェノール類などを食品から日常的に摂取し、活性酸素による体内の環境破壊から逃れて生活しています。

酸素の害としてはこれら以外に、食物が酸化されて品質が劣化したり、味が悪くなったり、臭気が発生したりすることなども考えなければなりません。最近、食品のパッケージに脱酸素剤が入れてありますが、不飽和脂肪酸による過酸化脂質の害を防ぎ、品質保持と保存性を高める効果があります。

第3章　引用文献

青木皐（2000a）、『ここがおかしい菌の常識 ――え！ほんとはそうなの清潔・不潔』、p.211、ダイヤモンド社（2000年）

山田秀明（1990）、『微生物に無限の可能性を求めて』、p.33、三田出版会（1990年）

福井三郎、別府輝彦編、村尾澤夫著（1985）、『スクリーニング技術』、p.53、講談社（1985年）

久馬一剛（2005a）、『土とは何だろうか？』、p.181、京都大学学術出版会（2005年）

村尾治（1998）、『環境問題って何だ？』、p.49、技報堂出版（1998年）

Yvonne Baskin著、藤倉良訳（2001a）、『生物多様性の意味、自然は生命をどう支えているのか』、p.52、ダイヤモンド社（2001年）

Christopher Flavin編著、高木善之監訳（2002）、『地球と環境、21世紀のビジョン（2002年版）』、p.54、同友館（2002年）

東京大学農学部編（2000）、『土壌圏の科学』、p.65、朝倉書店（2000年）

小沢正昭（1991）、『ミクロ生物の不思議な力、特殊微生物を探る』、p.141、研成社（1991年）

服部勉（1986）、『微生物の基礎』、p.49、学会出版センター（1986年）

横山和成（2001）、「土壌の「豊かさ」を微生物の多様性から解く」、『現代農業』、10月号、p.312、農山漁村文化協会（2001年）

農林水産省農業環境技術研究所編（1998）、『水田生態系における生物多様性』、p.170、養賢堂（1998年）

飴山實・小幡斉（1995）、『生活とバイオ』、p.63、関西大学出版部（1995年）

荒井綜一（1991）、「細菌の氷核活性とその食品工業への応用、強力な凍結促進タンパク質の開発をめざして」、『化学と生物』、29巻、p.176-182、公益社団法人日本農芸化学会（1991年）

K.Noriko, T.Asaeda, K.Yamade, H.Kawahara and H.Obata（2001）、「A Novel

Cryoprotective Protein（CRP）with High Activity from the Ice-nucleating Bacterium, Pantoea agglomerans IFO12686」,『Biosci. Biotechnol. Biochem.』, 65（4），888-894（2001 年）
好井久雄、金子安之、山口和夫編著（1995)、『食品微生物ハンドブック』、p.504、技報堂出版（1995 年）
木村光編（1988)、『食品微生物学、改訂版』、p.151、培風館（1988 年）
粕川照男（1994)、『食品保存の知恵』、p.73、研成社（1994 年）
三浦靖（2004)、『水の機能化　その本質を探る』、p.134、工業調査会（2004 年）
中野政弘（1993)、『カビへの招待』、p.103、研成社（1993 年）
辻博和・千野裕之（1997)、『生物の科学遺伝』、5 月号、口絵、「油汚染土のバイオレメディエーション ―クウェート国ブルガン油田における現地実証試験」、裳華房（1997 年）
丹治保典、海野肇（1997)、「原油汚染に対するバイオレメディエーション技術」、『用水と廃水』、39 巻、p.424、産業用水調査会（1997 年）
大石正道（1999a)、『生態系と地球環境のしくみ』、p.149、日本実業出版社（1999 年）
大政正隆（1977)、『土の科学』、p.52、日本放送出版協会（1977 年）
武田健（2002a)、『新しい土壌診断と施肥設計』、p.48、農山漁村文化協会（2002 年）
青木淳一（1996)、『ダニにまつわる話』、p.118、筑摩書房（1996 年）
武田健（2002b)、『新しい土壌診断と施肥設計』、p.42、農山漁村文化協会（2002 年）
土壌微生物研究会編（1996)、『新・土の微生物（1)、耕地・草地・林地の微生物』、p.30、博友社（1996 年）
David R.Montgomery 著、片岡夏実訳（2018a)、『土・牛・微生物、文明の衰退を食い止める土の話』、p.57、築地書館（2018 年）
西尾道徳（1989)、『土壌微生物の基礎知識』、p.25、農山漁村文化協会（1989 年）
岩田進午（2004)、『「健康な土」「やんだ土」』、p.34、新日本出版社（2004 年）
Jerome Irving Rodale 著、一楽照雄訳（1997)、『有機農法 ――自然循環とよみがえる生命――』、p.336、（財）協同組合経営研究所（1997 年）

久馬一剛（2005b）、『土とは何だろうか？』、p.159、京都大学学術出版会（2005年）

Charles Langmuir & Wally Broecher著、宗林由樹訳（2014）、『生命の惑星 ビッグバンから人類までの地球の進化』、p.437, 500、京都大学学術出版会（2014年）

小野伸一（2005）、『土と人のきずな、土から考える生命・くらし・歴史』、p.54、新風舎（2005年）

久間一剛（2005c）、『土とは何だろうか？』、p.238、京都大学学術出版会（2005年）

森沢真輔編著、村上雅博（2002a）、『土壌圏の管理技術』、p.181、コロナ社（2002年）

朝日新聞（2004）、2月22日（2004年）

富山和子（1974a）、『水と緑と土、伝統を捨てた社会の行方』、p.148、中公新書（1974年）

日本林業技術協会編（2004）、『土の100不思議』、p.14、東京書籍（2004年）

富山和子（1974b）、『水と緑と土、伝統を捨てた社会の行方』、p.181、中公新書（1974年）

森沢真輔編著、村上雅博（2002b）、『土壌圏の管理技術』、p.194、コロナ社（2002年）

朝日新聞（2019）、8月18日（2019年）

柴田明夫（2007）、『水戦争 ―水資源争奪の最終戦争が始まった』、p.68、角川SSC新書（2007年）

粕淵辰昭（2010）、『土と地球、土は地球の生命維持装置』、p.194、学会出版センター（2010年）

矢ケ崎典隆、斎藤功、菅野峰明編著（2003）、『アメリカ大平原 ――食料基地の形成と持続性』、p.34、古今書院（2003年）

朝日新聞（1996）、11月13日（1996年）

大石正道（1999b）、『生態系と地球環境のしくみ』、p.36、日本実業出版社（1999年）

松永勝彦（2010）、『森が消えれば海も死ぬ、陸と海を結ぶ生態学』、p.149、講談社（2010年）

岩沢信夫（2010）、『究極の田んぼ、耕さず肥料も農薬も使わない農業』、p.117、日本経済新聞出版（2010年）

富山和子（1974c）、『水と緑と土、伝統を捨てた社会の行方』、p.161、中公新書（1974年）
菅沼安嬉子（2009）、『正しく食べて健康に生きよう』、p.195、慶應義塾大学出版会（2009年）
中村耕三（1998）、『アメリカの環境保全型農業、農政転換の軌跡と展望』、p.18、農林統計協会（1998年）
久馬一剛（2005d）、『土とは何だろうか？』、p.247、京都大学学術出版会（2005年）
David R.Montgomery & Anne Biklé 著、片岡夏実訳（2016）、『土と内臓、微生物がつくる世界』、p.4、築地書館（2016年）
川島博之（1999）、「農耕地より生じる硝酸態窒素負荷とその制御」、『用水と廃水』、41巻、899、産業用水調査会（1999年）
小沢正昭（1998）、『食と健康の科学』、p.116、研成社（1998年）
應和邦昭編（2005）、『食と環境』、p.2、東京農業大学出版会（2005年）
David R.Montgomery 著、片岡夏実訳（2018b）、『土・牛・微生物、文明の衰退を食い止める土の話』、p.254、築地書館（2018年）
中原英臣、佐川峻（1995）、『人とウイルス果てしなき攻防』、p.194、NTT出版（1995年）
藤田紘一郎（2001a）、『謎の感染症が人類を襲う』、p.50、PHP新書（2001年）
黒木登志夫（2007）、『健康・老化・寿命、人といのちの文化誌』、p.218、中央公論新社（2007年）
三瀬勝利（1998a）、『逆襲するバイ菌たち、バイ菌博士のこわい怪談』、p.12、p.43、講談社（1998年）
藤田紘一郎（1997）、『原始人健康学 ―家畜化した日本人への提言―』、p.58、新潮社（1997年）
藤田紘一郎（2001b）、『謎の感染症が人類を襲う』、p.79、PHP新書（2001年）
青木皐（2000b）、『ここがおかしい菌の常識 ―え！ほんとはそうなの清潔・不潔』、p.152、ダイヤモンド社（2000年）
朝日新聞（2004）、7月12日（2004年）
青木皐（2004）、『人体常在菌のはなし ―美人は菌でつくられる』、p.36、集英社（2004年）

食品微生物学ハンドブック（1995）、p.162、技報堂出版（1995年）
三瀬勝利（1998b）、『逆襲するバイ菌たち、バイ菌博士のこわい怪談』、p.21、講談社（1998年）
朝日新聞（1997）、6月24日（1997年）
朝日新聞（2002）、5月31日（2002年）
家森幸男（1995）、『長寿の秘密』、p.66、法研（1995年）
Yvonne Baskin著、藤倉良訳（2001b）、『生物多様性の意味、自然は生命をどう支えているのか』、p.58、p.87、ダイヤモンド社（2001年）
Yvonne Baskin著、藤倉良訳（2001c）、『生物多様性の意味、自然は生命をどう支えているのか』、p.88、ダイヤモンド社（2001年）
日本生態系協会編（1999）、『日本を救う最後の選択 ―豊かな「自然」を取り戻すための新提言』、p.63、情報センター出版局（1999年）
朝日新聞（2017）、5月23日（2017年）
大石正道（1999c）、『生態系と地球環境のしくみ』、p.52、日本実業出版社（1999年）
W.Stolzenburg著、野中香方子訳（2010a）、『捕食者なき世界』、p.83、文藝春秋（2010年）
藤田紘一郎（2001c）、『謎の感染症が人類を襲う』、p.123、PHP新書（2001年）
W.Stolzenburg著、野中香方子訳（2010b）、『捕食者なき世界』、p.192、文藝春秋（2010年）
朝日新聞（2012）、12月6日（2012年）
Thomas J.Moore著、中原裕子訳（1995）、『寿命の不思議 120歳への可能性』、p.53、徳間書店（1995年）
杉山修一（2013）、『すごい畑のすごい土、無農薬、無肥料、自然栽培の生態学』、p.105、幻冬舎（2013年）
富山和子（1974d）、『水と緑と土、伝統を捨てた社会の行方』、p.159、中公新書（1974年）

第４章　生ごみを含め、有機性廃棄物の処理、堆肥化

X．堆肥、その種類、効能、製造方法

X－(1)．堆肥、厩肥、コンポスト、下肥

①　それぞれの単語が意味するもの――

「堆肥」や「厩肥」は用いる原料が異なるだけで、基本的には有機物、主として有機性廃棄物を微生物により分解して生じたものを指しています。分解の手法も、自然に放置するのか、機械で強制的に行うのかの違いがあり、さらに嫌気的環境下で行うのか好気的環境下で行うのかなどの処理条件の違いもあります。しかし、英語ではすべて「コンポスト」と呼ばれ、両者に区別はありません（藤田、1995；中井ら編、2015a）。

日本ではこれまで、「下肥」は人の屎尿から得られたものを指し、「厩肥」は家畜の排泄物や敷藁を用いて作成されたものを指してきました。また、「堆肥」は落葉や剪定枝などの植物に由来するものを指すときに用いられてきました。「堆厩肥」という言葉も使われますが、混合された両者の原料が用いられた製品を指します。「コンポスト」は、主として生ごみや食品廃棄物などを機械を用いて処理したものを指すときに用いられてきました。

しかし、今の世の中では厩肥も下肥も話題になることは少なく、堆肥という言葉でひとくくりにされることが多いようです。そこで、以下では主として堆肥という言葉を用い、必要に応じてコンポストという言葉も用いることにします。

いずれの生成物も、土壌に加えることで土壌改良剤としての効果を示しますが、部分的には植物に対する肥料としての効果を示すものもあります。微生物処理が不完全であったり、処理後の放置時間が不十分だと、品質の劣る未熟堆肥や不熟堆肥となります。これらは利用者から敬遠さ

れてしまうので、土壌へは利用されずに焼却によって処分されてしまいます。

② 有機性廃棄物の分解の度合いから考える堆肥———

微生物による分解が最終的に行き着くところは、我々の体内の物質代謝と同様です。多糖類や炭素化合物は二酸化炭素や水に、タンパク質などの窒素分は、動物では尿素や尿酸に代謝されて排出され、微生物ではアンモニアとなりさらに脱窒酵素などにより窒素ガスにまで分解されます。ここまで分解が進むことは処理・処分という観点でからは良いのでしょうが、これではミネラルだけが残るだけで土壌改良材にはならず、肥料分としても非常に限定的になってしまいます。

「完熟堆肥」という言葉も使われることがありますが、すでに述べたようにこれに対する定義はなく、原料となる有機物がどの程度まで分解されたものを完成と判断するかは、人それぞれです。家庭から出る生ごみや食品工場の廃棄物に多いでんぷんなどの糖質やタンパク質などは、放置すると直に腐敗する分解されやすいものですので、これらは「易分解性物質」と呼ばれています。一般的にはこの易分解性物質が分解された時点か、さらにその段階から数か月間の「熟成」と呼ばれる期間を経た時点を、一応の完成とするのが一般的です。

有機物の中にはセルロースやリグニンなどの分解されにくいものもあります。これらは「難分解性物質」と呼ばれ、分解には何年もかかり、腐植としての土壌有機物に変換されていきます。これらを含む堆肥が土壌に入ると、利用する土壌微生物が増加し、土の団粒化も進み、土が豊かになります。

X－(2). 堆肥使用の効果

① 微生物を増やす働きが主です———

化学肥料の弊害を防ぎ、土壌の生産性を持続型、循環型にして維持していくには、堆肥などの有機質炭素分を土壌に入れる必要があります。

有機質(体)炭素は土壌で微生物の主食として利用され、微生物が増加します。結果として植物が生育するようになり、それに伴って根の量が増加し、その根から侵出物が土壌に侵出することになります。すでに第2章のⅤ－(2)項でも述べたように、葉で同化した栄養分のかなりの部分が根に移行し、その後3～11％もの量が根から根圏に分泌されて微生物の栄養物として利用・分解されるというデータが示されています（土壌微生物研究会編、1997）。同様の結果は多くの研究者によって報告されています。

そうなると、根に共生する菌根菌などが増加するという生態系ができあがります。実際、畑作物の非根圏土壌と根圏土壌での細菌数を調べますと数十倍から百倍以上もの差があると報告されています。特に窒素の代謝に関与する亜硝酸酸化菌は2,000倍近くにまで増加しているといわれます（西尾、1995a）し、根の表面が微生物によっておおわれる割合はほぼ20％であるとも述べられています（服部、2010）。

また、畑地と未耕地を比較すると、アミラーゼを生産する微生物の割合が畑地で1.7倍に、セルラーゼを生産する菌の割合が同じく7倍にも増えており、有機質炭素分が土壌に入ることでそれらを分解する微生物が増加していることが多くの実験から示されています（日本土壌微生物学会編、2003）。

生物多様性が豊かであると、他の有害な微生物の増殖が抑えられるという事を述べましたが、これに関しても多くの報告例があります。すでにⅧ－(2)の微生物の多様性と作物の発病のところでも述べましたように、連作障害を抑える働きは、堆肥のような有機性炭素分によって微生物が増えることによっています。この部分は化学肥料では代替えできないところです。土壌の持続可能性に寄与し、いわゆる土壌を豊かにするのに堆肥は役立っています。

②　化学肥料と、堆肥をそれぞれ使用した場所による土壌微生物の相違―――

堆肥を使わない化学肥料一辺倒の農業は、微生物の主食となる炭素分の供給がない点に大きな違いがあります。微生物の種類も数も極端に少なくなり、結果として小動物を含めた土壌生態系が破壊されてしまいます。腐植物質も少なくなるので土壌の団粒構造も破壊されて固化してしまい、水の浸透性や保水性を欠くようになり、地力の低下や塩害化などを引き起こしてしまいます。

肥料の種類によっても土壌細菌の多様性に大きな差があります。異なった肥料管理をそれぞれ4年間行った土壌から分離された細菌集団の多様性を比較したところ、化学肥料区と比較して、豚糞を原料とした堆肥区では2.1倍、稲わら堆肥区では2.6倍に増加していたとのことです(農林水産省農業環境技術研究所編、横山、1998)。

また、別の実験として豚ぷん堆肥を10a当たり5t使用したところでは、使用しなかったところと比べ、細菌、放線菌ともに4.5倍に増加していたそうです。この効果は、施用した堆肥だけの効果ではなくそれまでに蓄積されていた有機物の利用も促進された結果と思われ、いわゆる「起爆効果」も加味されての結果ではないかと述べられています(藤原、2003)。

一般に堆肥を用いた時は微生物の多様性が増加することが分かりました。これらの事実から考えて堆肥、有機炭素を投入することは結局微生物を増やすことが目的であり、つまるところ、堆肥の使用目的は有機炭素の投入と考えられます。

③　冷害(作況不良年)時に稲作へ厩肥を使用する効果———

青森県農業試験場の水稲圃場では、化学肥料のみと、それに厩肥の使用量を3種類変えて追加した圃場に分けて試験を続け、各圃場からの収穫量を1931年から継続して測定しています。

その結果、いわゆる作況不良年といわれた冷害の年には化学肥料だけの場合よりも厩肥使用量を10a当たり563kgから1125kg、さらに1875kgと、多く使用するほど10～25%程度玄米が増収する結果が得られています。

また、1993年の大冷害のときも他のほとんどのところが減収であったのに対し、厩肥使用区では減収の程度が低かったといわれ、厩肥施用はリン酸の補給と団粒の発達による根張りの促進の面で効果があったのがその理由ではないかと推測されています（西尾、1997a）。これらの実験は厩肥を使用していますが、堆肥と読み替えても大きな差はないものと思われます。

④　植物病原菌の抑制作用———

土壌の微生物は、農業における病原菌の発生を抑制する効果もあります。植物病原菌を移植させる実験を行うとき、無菌的に無菌土壌に行った場合は移植を100回繰り返してもその都度病原菌が分離されます。感染率は徐々に下がるものの、100回目でも約50%も残っていました。当然病気を起こしてしまいます。

しかし、ほんの微量の普通の土壌を無菌土壌に加えて行うと、移植を100回繰り返したときに病原菌が分離される回数は30回に減り、感染率も7.8%にまで落ちました。土壌を入れるということは、その土の中に常在する一般の土壌微生物を加えたことと同じと考えられます。これらの土壌微生物が病原菌の検出を抑制し、また、感染率をも下げてくれたことになると述べられています（西尾ら、1995）。

⑤　輪作に対する堆（厩）肥と化学肥料との違い———

夏作物であるトウモロコシと冬作物であるオオムギの輪作に対して、堆厩肥だけと化学肥料だけを用いての実験を10年近く続けた結果があります。化学肥料だけを用いた時のトウモロコシの収量は徐々に低下して最後は初年度の10数%にまで低下し、無肥料で実験を続けた地区の10年後の収穫量よりも低下してしまいました。しかし、堆厩肥を用いた時は収量の低下はほとんど認められなかったということです。また、冬作物であるオオムギの場合も同様の傾向であったと述べられています（唐沢編、井上、1999）。

化学肥料が普及する前は堆厩肥を使っていたわけですが、それを作る手間や使用するときの労力を理由に、化学肥料の使用が主になってしまいました。この実験からは、堆厩肥は化学肥料の代替以上の効果があることが示されました。また、両作物共に堆厩肥で実験を続けている場所に化学肥料を施しますと、収穫量が増加することもわかりました。このような場合では、化学肥料は収穫の上乗せの効果を示していることがわかります。化学肥料はこのように堆肥の効果を引き出すなど、お互い補完し合うところに存在意義があると思われます(唐沢編、井上、1999)。

堆厩肥の効果が大きいことが示されましたが、使用により多くの微生物が繁殖し、生物多様性が増えたのがその理由と思われます。

このことは第3章のC/N比で有機性炭素分が土壌には必要であると述べたことと完全に合致しています。

⑥　土壌の団粒構造と脱塩効果———

これまでにも度々用いてきた「団粒」という単語は、一般にはあまりなじみのない言葉です。小さな土の粒子がバラバラに存在している状態から、ある程度の大きさのかたまりになった構造を指す言葉です。こうなることで微生物や植物の生育にも好都合な状態になります。

団粒は、土中の微生物が自己を保護するために体外に分泌する多糖類や糖タンパク質、またカビや放線菌などの菌糸、および植物根から分泌される粘着物質、さらに土壌有機物から得られる腐植物質などが接着成分となって土の粒子が粒状に固まって出来上がります。

団粒構造が形成されることにより、粘土質や砂礫質状の土の状態と比較して孔隙分布が多様になり、透水性、排水性、通気性に富むと同時に保水性や保肥性も増えるようになり、耕しやすくなる易耕性にもつながります。このようになった土は俗な言葉で“ふかふか”した土になるのです。

実際、団粒構造ができたことにより作土25㎝の畑土壌1 m^2当たり14gもの空気中の酸素が存在できるようになりました。この酸素のうち7～14gはその環境に存在する微生物の呼吸に利用されますが、それ以外、作物の根の呼吸にも必須です。1 m^2に存在する植物の根が1日に消費する酸素の量はジャガイモで4～6g、キャベツで6～8g程度にもなるといわれ、それらの植物の根にとってもその酸素量は十分な量となります(西尾、1995b)。

光合成によって植物が作る有機物の総生産量のうち約1/3は、葉や根を含めた植物体が生きていくための代謝反応に使われているといわれます。土中の酸素の存在意義、そのための団粒構造の重要性も理解されます。さらに残りの生産物の一部も落ち葉や枯枝となったり、または虫などによって食べられたりしますので、実際に我々が作物として手に入れられるのは光合成産物の40％弱となってしまうといわれています（田辺、1996）。酸素不足になると作物根も細胞が破壊されて分解が進み、微生物の攻撃を受けるようになってしまいます。

化学肥料を連用すると土は浸透性や保水性を欠いて固化し、浸食も進みます。結果として微生物や小動物が減少し、土壌生態系の破壊が起こってしまいます。こうなると雨が降っても水は土壌表面を流れるだけで、土中に水分を貯めこむこともできにくくなるうえ、土中の塩分も洗い流されずにそのままになってしまいます。灌漑農法による塩害土壌を防ぐ方法として排水溝などの排水設備を設置しても効果が乏しいのは、土中にまで雨水が浸透できずに排水設備が役に立たないことが多いからと考えられます。

土壌改良に微生物が有効であるといわれる理由の1つはこの団粒構造にあります。

⑦　新鮮有機物をそのまま用いる弊害―――

堆肥になった有機物の効果を見てきましたが、その原料となる有機物を堆肥にせずにそのまま用いることはできないのでしょうか？

生ごみをそのまま使用するか、生ごみを熱乾燥式処理機で水分を飛ばして処理したものをこれまで見た堆肥と同じように土壌に入れた場合には以下のような弊害が生じます。

まずは、微生物がそれらを分解するために発酵熱が生じ、植わっている植物の毛根を痛めてしまいます。また、生ごみなどは一般にC/N比が低いので分解の過程でアンモニアが放出されて、やはり毛根を痛めます。さらにその上、土壌中に生息している多くのカビの中でピシウムという病原菌が未分解有機物をエサにして速やかに菌糸を伸ばしたり、胞子を増殖させたりするようになります。このピシウムが増えると、苗立枯病や根腐病を引き起こしてしまいます。また、新鮮有機物と一緒に雑草の種子が持ち込まれて雑草が蔓延するなどの被害も生じることになります。

従って、少なくとも易分解性物質が分解され、その過程で発生する発酵熱が放散し、アンモニアの放出なども済み、病原菌のピシウムが増殖しなくなってから土壌に用いる必要があります。

この次に述べる家庭用の生ごみ処理機の約80％は乾燥式で、電気を使って水分を飛ばしています。乾燥させると生ごみは扱いやすくなります。家庭ごみとしてそのまま廃棄しやすくなったり、それを持参すると野菜と交換してくれたりする市町村もあるようです。

しかし、電気を使って乾燥するというエネルギーの観点からも、それをそのまま土壌に使うことで起こる弊害のことから考えても、考慮する必要がありそうです。

なお、堆肥化過程を経たものにはピシウムの被害はありません。

⑧　結局堆肥使用の効果とは――

堆厩肥のなかの有機性炭素分が土壌の改良にあずかり、その上、新たに繁殖する微生物が作り出す養分の効果が加味されると同時に、その微生物自身も溶菌して肥料となる意味合いも大きいと述べてきました。さらに陽イオン保持能や交換能も増加し、アルミニウムなどを結合（キレート作用）してその毒性を低下させ、土壌のpH緩衝能などの改善効果を発揮するなどと考えられています（松中、2003；西尾、1997b）。

従って、堆肥の効能として、重要な役割を果たすのは微生物でありますが、その効果を表わす大本は堆肥の有機物であることが理解されますし、微生物抜きにしてその有機性肥料の効果も発揮されないことになります。

**【コラム10. 弘前の奇跡のリンゴ園は奇跡ではない！
しかしその方法は応用可能？】**

日本のリンゴは品種改良が何重にも加えられているので栽培には農薬が不可欠です。実際、3章のⅨで述べたように農薬を使わずに作物を育てると97%の減収となるほどです。ところが弘前市の木村秋則さんは10年以上も失敗を繰り返して挑戦し、肥料も、農薬も、除草剤も使わず雑草が伸び放題の状態でリンゴの生産に成功しました。そのような状態でリンゴが生産できるとは驚きであり、現在の農学の常識ではこれを説明することは困難であることから「奇跡のリンゴ園」と呼ばれ、映画にもなりました。

弘前大学の杉山修一教授は10年以上にわたりこの無農薬・無肥料でのリンゴ栽培が成立するメカニズムを研究し、これは決して奇跡ではなく再現性があると述べています。

それは自然栽培と呼ばれ、微生物だけでなく農地に住む様々な昆虫や雑草の生物群集をうまく制御し、生物の力を最大限に利用する自然との調和型農業に相当すると述べています。

木村リンゴ園の土壌中の窒素の量は、毎年化学肥料を与えて栽培している慣行栽培リンゴ園と比べても遜色ないか多いくらいとのことです。

また、木村リンゴ園と慣行栽培リンゴ園で2日間にわたって昆虫相を調べたところ、木村リンゴ園では28の科にまたがる308個体が捕れたのに対して、慣行栽培リンゴ園では16科の57個体しか捕れず、5倍以上の差があることもわかりました。

ただこの"自然栽培"はまだ確立した技術ではなく、収量性も低く不安定であるとも述べられています（杉山、2013）。

しかし、これらの報道、ブームに違和感を持っている人たちがいるのも事実です。奇跡ではないといわれても、確立された技術ではないと述べられてもいるように一般的ではなく、この栽培方式に切り替えて農薬を使用しなくなればたちまち97%の減収になり、10年以上無収穫を覚悟しなければならないでしょう。すべての人がこのりんご園のようなところに到達できるとも限りません。

この方法は長年の工夫の末に"たまたま"たどり着いた実験室内での成功の域をでない代物と思われると述べられてもいます（水木、2013）。

X－(3). 家庭や事業所から出る生ごみは資源から廃棄物へ。その処理は

① 新三種の神器といわれた生ごみ処理機———

昭和30年代ころまで、各家庭では生ごみや落葉などを庭や畑に運び、木枠で囲った場所に積み上げげて堆肥化を行っていました。しかし、生活様式が変化し、衛生思想も重視されるようになって、ごみは各市町村により焼却処理されるようになり、堆肥を作ることも使用することもなくなってきました。さらに化学肥料の普及や農薬の使用がそれに拍車をかけ、作製に労力と時間がかかる上に、使用するにあたっても手間のかかる堆肥は敬遠されてきました。

その状況は我が国の水稲作りに対する状況変化にもよく表れています。1920年頃をピークに有機肥料が減少し、化学肥料の使用が徐々に増加しました。また、農薬も1950年頃から使用が増え、それに合わせて収量も増加しました。この現象は水稲だけでなく、他の畑作でも同様でした。生ごみは「資源」から「廃棄物」に変わることになりました（安藤、1995）。

その代わりという意味合いもあるのか、1990年代終わり頃から「新三種の神器」として食器洗い機およびIH調理器とともに生ごみ処理機が脚光を浴び、各家庭に普及し始めました。生ごみ処理機以外の2つの製品は現在かなり家庭に普及してきています。しかし、生ごみ処理機はその後3年間で4倍にも増加し、2000年には年間20万台も出荷されましたが、その後販売量は減少してしまっています。また、出荷されるもののうち約80%は電熱によるただの熱乾燥式であり、微生物を用いての処理方式は20%程度ということです。さらに、経済産業省の「生産動態統計調査」によれば、市場に出回ったうちの80%は死蔵されているとのことです。

生ごみ処理機の普及が進まない理由は、乾燥式では臭気が気になること、微生物処理方式では臭気の問題以外に運転の習熟の困難さと処理能力不足などであるといわれます。このため、家庭で使用し始めても挫折してしまうことが多いと指摘されています。さらに、製造を中止するメーカーが続出し、現在では微生物処理方式はごく限られたメーカーで

しか製造されていません。

生ごみ処理機は、これら機械式以外に、かつて庭や畑の隅に置かれていた木枠の代わりにプラスチック製の円柱を土に埋め込む「生ごみ堆肥化容器」があります。安価に市販されており、こちらは今でも幅広く気軽に使用されています。臭いがあるとか、虫が発生するとか、冬場は分解が遅くなるなどと欠点もありますが、家庭菜園などでは使用されているのをよく目にします。

②　食品リサイクル法制定とその後の取り組み―――

業務用処理機に関しては、世の中でリサイクルの気運が高まったころ「食品循環資源の再生利用等の促進に関する法律」（いわゆる「食品リサイクル法」）が2000（平成12）年に制定されたことで注目されました。環境省などの統計によりますと、その当時、家庭および事業所から排出される生ごみは年間約1,780万tでそのほとんどは焼却処分されており、リサイクル（再生利用）に回る率は6%しかありませんでした。このリサイクル率を家庭からと事業所からのごみに分けて比較しますと、家庭からのリサイクル率が1%、事業所からのリサイクル率が19%でした。法律ではこの19%の値を5年後に20%に上げることを目標としました。

リサイクルの方法には種々ありますが、それまで焼却に回っていた部分を堆肥にすれば事足りると考えたところが多く、リサイクル法ができたことで業務用の大型の生ごみ処理機を購入した企業が多く現われました。しかしその当時の新聞には、導入した処理装置が額面どおりに作動しないとか、直径20㎝ものステンレス製の攪拌の心棒が折れてしまったなどの不具合でメーカーとトラブルになったことなどが報道されました。また、導入して初めて悪臭対策が必要であることがわかり多額の追加費用がかかったなどと、使用上の問題点が露呈してきたとも報道されました（日刊工業新聞、2002）。

さらに、できた堆肥に関しても問題が出てきました。良質の堆肥に対しては多くの需要があるものの、粗悪なものは敬遠されてしまい、作成した処理物の需要先が確保できないなどと問題が発覚しました。これらのことから、リサイクルシステムの構築が壁に突き当たっていると報道されるようになってしまいました。

③　当時の業務用生ごみ処理機およびごみ固形燃料化での問題点――

さらに、2003年11月には大和市のショッピングセンターで1日1.2tを処理できるとうたって販売された処理機が、設置した処理室で爆発するという事故が発生しました。

大和市消防本部のその後の報告書によりますと、当初この機械は微生物によるバイオ発酵式として販売・設置されました。しかし臭気の発生がひどく、処理層の水分も蒸発しにくく、微生物分解が良好に進まなかったため発酵方式から乾燥重視型の熱風乾燥方式に設計変更するという大幅な見直しに迫られたとのことです。その結果、乾燥機を追加するなどの変更により、130～150℃の熱風を下部から吹き込む方式になりました。そのように改造した結果、ノズル付近の処理物や副資材として加えた杉チップの乾燥が進んで徐々に炭化し、その後不完全燃焼状態になって一酸化炭素や水素などの可燃性ガスが処理室に充満して爆発に至ったとされています。

また、生ごみの再生化のもう1つの方向として、ごみ固形燃料化（RDF）方式が当時注目されていました。しかし、この方式でも三重県で爆発事故が起きてしまいました。保管中に雨や結露水が溜まって嫌気性発酵が起こり、発熱し、ガスが発生したことが爆発の原因でした。このような事故の影響もあり、当初の予想通りにリサイクル率を上げるのは容易ではないと判断されるに至りました。

この法律は5年ごとに見直すことで施行されましたので、当初予想しなかった問題点が生じたことで再生利用事業計画に熱回収（メタン発酵など）を追加する見直しが行われました。処理の方向は、堆肥化からメタンなどのエネルギー生成へと転換されました。しかし、エネルギー発生へ転換したとしても発酵後の処理液や残渣の処理が二重の手間になるなど問題が山積しています。

今になって考えると、生ごみ処理機は大和市の事故からわかるように成熟した装置ではありませんでした。運用実績も多くなく、リサイクル法をクリアするため急ぎすぎたこと、ユーザーがメーカーの説明をうのみにしたこと、メーカーは堆肥化の主役である微生物の活動のソフト面を理解せずに処理機のハードの面のみを重視して機械を製造販売したことなどが失敗の要因といわれます。

次に述べるアシドロコンポストの業務用処理機の開発は、初期の食品リサイクル法の対策用としては開発が間に合いませんでしたが、2001年頃から販売されるようになり、それ以降はこれまで見てきたような問題は一切起こっておらず、正常に稼働しています。

④　好熱・好酸性菌を用いてのアシドロコンポストの開発――

微生物処理式の家庭用処理機が敬遠されている理由の１つに、処理能力不足が挙げられていました。例えば、鶏肉の皮や牛肉のスジなどのコラーゲンの分解が不十分との指摘が多く聞かれました。そこで、著者らの研究室ではコラーゲンの分解に着目し、大学近くの土壌を探索して、その当時報告のなかった高温条件下で機能する新規の分解菌(表紙写真)を発見しました。その菌は高度高熱菌であると同時に好酸性菌でもありましたので、これを用いて、まずは基礎研究として、高温で機能するコラーゲン分解酵素を初めて単離しました（T.Tsuruokaら、2003)。それと同時に、他の好熱好酸菌をも用いて生ごみ処理の処理効率の向上を目指したところ、新たな処理方式を開発することに繋がりました。

これらの菌を用いた応用研究として生ごみの処理を高温で行う高機能な処理機の開発研究を、㈶日立地区産業支援センター内の生ごみ処理研究会と共同で行いました。化学反応は一般に10℃温度が上がると反応速度が2倍になることがわかっています。分解に与る酵素反応も、化学反応と同様、温度が10℃上がると速度が2倍になりますが、一般に酵素は生体触媒と呼ばれるように高温では変性し活性を失ってしまいます。しかし､70～80℃でも機能する好熱菌ではその温度でも酵素が活性をもつので一般の酵素に比べて15～20倍もの反応速度が期待できます。このことが好熱菌に着目した理由です。

研究会のメンバーのスターエンジニアリング㈱は自社の試作機6台と、その当時市販されていた他のA社、B社およびC社の家庭用処理機とに毎日野菜くずなどを均等に投入し続けて比較しました。その結果、A社、B社、C社の処理機の処理層のpHはどれも中性から弱アルカリ性でしたが、試作機はすべて酸性でした。さらに、A社は60日、B社は100日、C社はほぼ150日でpHが酸性に変化すると同時に処理能力が低下してしまいました。いわゆる酸敗になってしまい、それ以上の処理は不可能で、基材の全交換が必要となりました。しかしそれに対して、試作した6台の機器はすべて2年11か月後に実験を打ち切った時点まで基材の交換も必要なく、処理が持続しました（T.Nishinoら、2003）。その後、この方式の機器を購入し使用したところでは、10年以上も基材交換をせずに利用し続ける使用例が出てきました。

さらに研究を進めるため、東北大学工学部の生協食堂で1999年から5年間に渡って5kg用の処理機を用いて継続的に実験を行いました。生協食堂の調理くずや食べ残しなどを1日約4kg投入し続けて、処理層内の温度やpHの測定を行い、その機能を追跡調査しました（図-11）。この5年間処理基材を一度も交換することなく処理が進行し、重量比で約20%の処理生成物（発

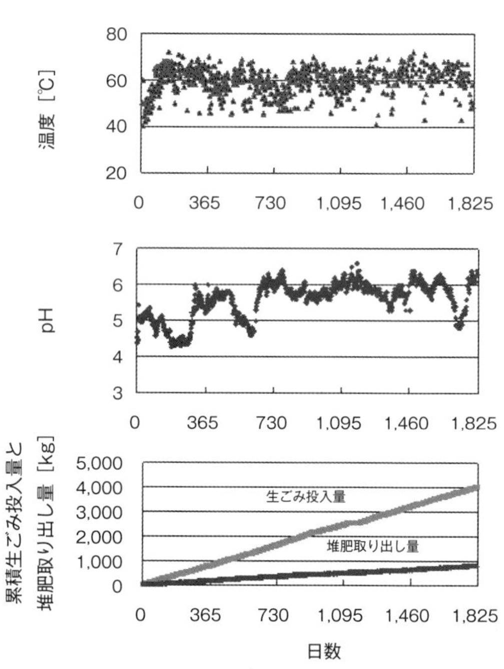

図-11　コンポスト化の推移
1999年5月21日から連続5年間の結果

酵生成物、堆肥・コンポスト）が得られました。処理基材のpHは5年間にわたりすべて酸性でありました。

生ごみ投入は生協の厨房の従業員の方々にお願いして任せておりましたので、pHが上がってきたときに不思議に思い観察しましたところ、卵の殻が大量に投入されていて酸性が一部中和されたことが原因と思われました。

基材の温度は60℃前後でしたが、この温度は発酵熱を示しているわけではありません。処理により発酵熱は発生しますが、ステンレス製の処理槽からの放熱の方が大きいため、そのままでは温度が下がってしまいます。そこで、好熱菌の生育環境を整えるため、処理機にはすべて加熱機構がついていますので、そのために維持されている温度です。

⑤　アシドロコンポストとは―――

「アシドロ」とは、ラテン語の酸性を意味する言葉です。生ごみ処理などの有機性廃棄物の堆肥化が酸性で進行していることに由来して、このシステムを「アシドロコンポスト」と命名しました。

この処理システムは後述するように乳酸菌が主となっています。高温の酸性条件下で、数年間もの長期にわたり基材の交換もなしに機能し、臭気はほとんど発生せず、復元力に優れた有機性廃棄物処理システムです。世界でも類を見ない新規なものであることがわかりました。また、このシステムではアンモニアが揮散せず臭気が少ないことに加え、最近問題となっているオゾン層破壊物質と判明した亜酸化窒素をも発生させない環境保全型のシステムであることもわかりました（コラム11、及びⅫ－(1)参照）。

この処理システムによる生成物は、乳酸などの有機酸によって弱酸性になってはいますが、生ごみなどの有機性廃棄物を微生物により発酵（腐熟）させて得られるコンポストであり、乳酸が生じることでの特殊機能もあることがわかりました（XI－(4)参照）。

XI．アシドロ®コンポスト

XI－(1)．アシドロ生ごみ処理機の機能解析

①　微生物叢の分析———

図-11で見た東北大学工学部の生協食堂で実施した5年間にわたる処理期間の途中、18週間にわたって微生物叢を調べました。毎週月曜日の午前中の処理物投入前にサンプリングしてその菌叢を変性剤濃度勾配ゲル電気泳動法(PCR-DGGE法; polymerase chain reaction-denaturing gradient gel electrophoresis)という方法で電気泳動を行い、図-12のように階段状に分離されたそれぞれのDNAバンドの塩基配列を決定しました。その塩基配列の結果にもっとも近縁な微生物叢をそのバンドに帰属するという手法です。この分析手法で、分離された各バンドの微生物の種類を記号で区別して示しました。図中の黒矢印は乳酸菌の*Lactobacillus*種、中抜き矢印はやはり乳酸菌の*Pediococcus*種であります。この2種類の矢印で示したバンドは共にすべて乳酸菌に帰属されます。

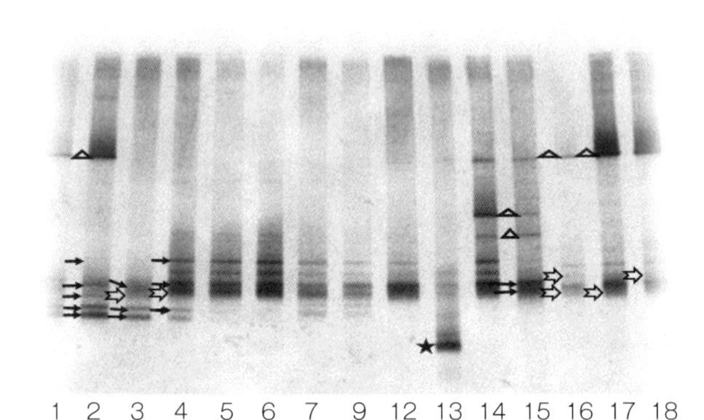

図-12　アシドロ方式の微生物叢の変化

また、この18週間にわたる一連の測定期間中、2週目、及び16、17週目には酵母（図中に△印で図示）が検出されました。また、13週目には

枯草菌（*Bacillus*）（★印で図示）などが検出されましたが、その1週間後または2週間後にはそれまでに存在していた優勢菌群に凌駕されて検出されなくなることもわかり、アシドロ方式では乳酸菌が主となっていることがわかりました（H.Hemmiら、2004）。

また、図-13は、その当時同一の処理方式の1kg型から30kg型を使用しつつあった一般家庭や給食センターおよび老人ホームなど異なる設置場所AからJで、実際に2か月から17か月間、異なる使用状況で使用している処理機内からの処理物(コンポスト)を一斉にサンプリングして分析を行った結果です（H.Hemmiら、2004）。

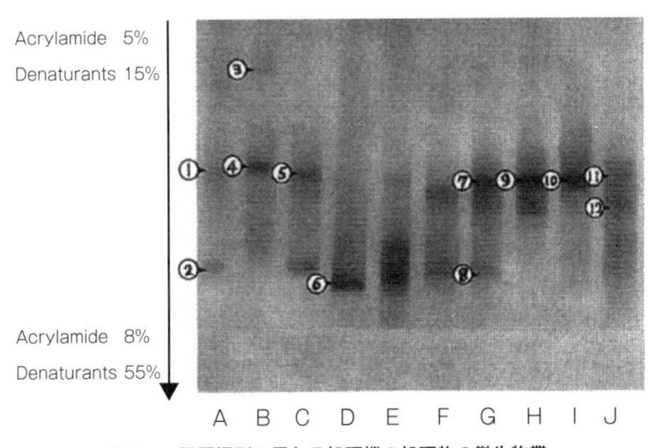

図-13　設置場所の異なる処理機の処理物の微生物叢

それぞれの使用者(場所)によって投入する生ごみも異なり、使用状況も異なりますが、図中の番号の1、4、5、7、9、10、11、12はすべて乳酸菌に分類される微生物であることがわかりました。その他、3番は酵母、2、6、8番は枯草菌でありました。しかし前のページの、18週間にわたる連続分析の結果（図-12）からもわかるように、投入される雑多な生ごみに由来すると思われる微生物(酵母や枯草菌など)が検出されたとしても、その後の運転中に乳酸菌が優勢となる微生物叢に落ち着くと思われます（H.Hemmiら、2004）。

東北大学農学部附属の複合生態フィールド教育研究センターでは、2005年頃から有機性資源循環システムのプロジェクトを立ち上げ、文部科学省の予算のもと、宮城県農林水産部とも連携して総合的に研究を行ってきました。

その研究の一環で彼らは、スターエンジニアリング㈱製の2kg用の家庭用処理機を用いて80日近く生ごみを投入し続けて、定常的にアシドロ方式になったところへ、牛糞を投入して78日間処理を行い、種々の分析を行いました。それによりますと、基材のpHが乳酸などによる有機酸によって酸性となる点やアンモニアがほとんど揮散しないなどの結果は著者らが報告していることと全く同じ結果を得ています(R.Asanoら、2010)。

さらに、微生物叢に関しても多くの菌を検出していますが、乳酸菌が主となる以外に枯草菌も検出されると著者らと同様の結果を報告しています。家庭の生ごみとは異なり、牛糞の処理ではさらに多くの菌が混入したと思われるものの、著者らと同様、乳酸菌が主となる結果が得られたことになります(R.Asanoら、2010)。

著者ら以外の研究者によってアシドロコンポストの実験が追試され、生ごみだけでなく牛糞の実験室的処理においても生ごみ処理と同様に有効に働き、乳酸菌が機能するということが示されたことはアシドロシステムの普遍性を証明するものと思われます。

ところで、既に述べたように生ごみや牛糞には多くの菌が存在しているはずですが、それらの菌がこの処理機の中に入った後はどうなっているのでしょうか。そのことを確認するため、乳酸菌が優勢菌群になっている処理機の処理物に意識的に外来菌を一度に大量に混入して、加えた外来菌の消長(運命)を調べました。

② アシドロコンポストに混入してくる外来微生物の消長———

東北大学工学部の生協食堂で良好に運転中の処理機の生成物(コンポスト)6kgを取り出し、そこに存在する乳酸菌の全数を定量PCRという方法で計測しました。

そこに存在する菌数の260倍の枯草菌、*Bacillus subtilis*菌をセレウス食中毒菌に模してグラム陽性菌の代表として培養しました。また、別に46倍の*Pseudomonas putida*菌を緑膿菌に模してグラム陰性菌の代表として培養し、それぞれを別々に先に取り出した処理機の生成物に添加し、混合しました。これをそれぞれ新しい処理機に投入し、栄養物として滅菌したLB液体培地（一般的な細菌培養用の富栄養液体）を毎日添加してそれぞれの添加菌の存在比を、時間を追って測定しました。

260倍の枯草菌を添加してから10日に渡って乳酸菌と枯草菌の存在比を調べた結果を図-14に示しました。縦軸はもともと存在していた乳酸菌に対しての枯草菌の割合(存在比)を示しています。乳酸菌に対して外来微生物（枯草菌）の存在比は260から低下し続け、3日後にはほぼ1：1に、1週間後には1/10以下に激減することがわかりました。この間乳酸菌の菌数を測定しても変化はありませんでした。

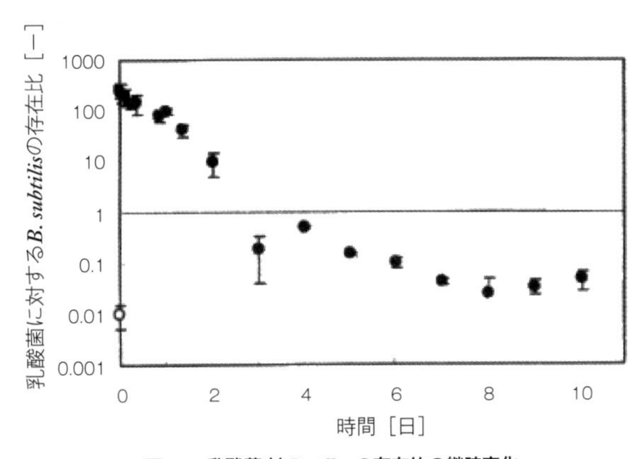

図-14　乳酸菌 対 *Bacillus* の存在比の継時変化

別に実験した46倍の*Pseudomonas putida*菌を添加した結果も全く同様の経過をたどり、やはり4日後には乳酸菌に対する存在比がほぼ同じになりました。

乳酸菌が主となって処理が良好に進行している場合は、食材や畜糞などから混入する雑菌は基材が弱酸性（pH 6.1 〜 6.3前後）のため細菌（バクテリア）は生存しにくいことや、後述するようにバクテリオシンによる生育阻害がある（XI－(2)）ことなどと相まって乳酸菌によって凌駕されてしまうものと思われます（T.Suematsu ら、2012）。

念のため、DGGE法によってそれぞれの添加菌の消長を確認しましたが、時間とともにそれぞれの微生物が検出されなくなり、元の乳酸菌のバンドが主なものとして検出されてくることもわかりました。

これらの結果は、処理機の運転中にたとえ腐敗した生ごみ等から食中毒菌などの有害微生物が混入しても、その外来菌は蓄積も増殖もできないと考えられ、当処理システムの安全性を示すものと思われます（後述XI－(2) 参照）。さらにそれに加えて、これらの結果は当処理システムにおける乳酸菌が非常に安定的に存在し、機能していることをも示しています。

外部から投入した菌が数日で消滅した今回の実験結果と同様の研究成果が、東京大学の春田伸らによって発表されています。彼らはコンポスト化促進のために脂質分解活性のある枯草菌をコンポストに投入したところ、3日ほどで添加した菌がDNAバンドとして検出されなくなったことを報告しています（S.Haruta ら、2002）。

彼らの実験結果からも、定常的に機能している処理機の微生物叢は確立してしまうと安定であることがわかりました。

③　処理開始時に用いた好熱・好酸性菌から乳酸菌へ遷移する期間———

コンポスト開始時の種菌として好熱・好酸性菌を用いているにも関わらず、層内は乳酸菌に変化していることがわかりましたので、次に好熱・好酸性菌から乳酸菌へと遷移する状況を調べました（図-15）。まっさらな機器を用いてこれまでと同様に生ごみの処理を開始し、処理開始時から日を追って微生物叢を調べました。

しかし1日目や2日目の処理開始時においても、用いた種菌は検出されませんでした。当然ながら乳酸菌もバンドとしては検出されてきませ

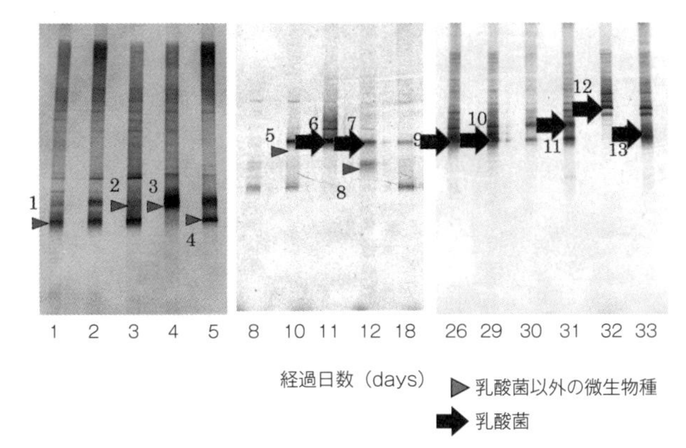

図-15　処理開始時点からの微生物叢の遷移

ん。結局、滅菌もしていない基材のオガクズや投入された生ごみに由来すると思われる*Bacillus*族や*Acinetobacter*族などの微生物由来のバンドが多数出現していました。つまり、用いた種菌の濃度がそれらに比して少ないために、バンドとしては隠れてしまった（検出されなかった）ものと思われます。11日目からは乳酸菌と思われるバンドが出現し始め、26日目以降になると検出されるDNAバンドはほとんど全て乳酸菌となり、時間経過とともに乳酸菌の種類も増加しました（T.Nishino、未発表）。

このことから、コンポスト中の微生物叢が乳酸菌に遷移するには2週間ほどの慣らし運転が必要であり、さらにその後2週間ほど経過してから乳酸菌が優占種に遷移することがわかりました。

④　乳酸菌が出現する理由———

なぜこのような微生物遷移が起こるのか、その理由はよくわかりません。これと同様の操作を、他の複数のメーカーの処理機を用いて、同様の種菌、同様の基材を用いて操作方法どおりに運転を行っても、乳酸菌が主になることはありませんでした。アシドロ処理に比して、処理層の温度が低く、水分が蒸発しにくく水分過多になるとともに、場合によっては嫌気性菌が増殖して悪臭が発生することなどがわかりました。また、その当時市販されていた微生物処理型のほとんどすべてのメーカーの機器は、2～3か月で酸敗の状態で処理が不可能となり、基材の全交換が必要となってしまいました。同一の種菌を含む基材を用いても、装置の構造や運転状況などが異なるとアシドロ方式にはならないという結果が得られました。

従って生ごみ処理研究会のスターエンジニアリング㈱が中心となって開発した処理機の構造と加熱状態、また攪拌や給排気をプログラミングする制御方式、また、当初の基材のpHが乳酸菌の生育に合致したものであったと思われます。

⑤　乳酸菌の処理は待ち望まれていた―――

乳酸菌が主となる高温・酸性条件下で、好気的に、持続的に、安定的に有機性廃棄物の処理が進行するこの方式は世界でも類を見ない新規の、または新しい処理システムと思われます。2004年に秋田で開催された「国際有機資源リサイクルシンポジウム」で「乳酸菌が主となっている好熱・好酸性の新規なリサイクルプロセス」という題でアシドロコンポストの研究発表を行いました。そのとき、北大名誉教授の但野利秋教授から「乳酸菌による生ごみ処理は古くから理想とされ、多くの研究者が手がけてきたにもかかわらず実現しなかった」とコメントされました。

これまで無造作に使ってきた乳酸菌という用語は、一般に糖類を分解して乳酸を作る細菌の総称で、一般には常温菌である上に嫌気性菌であるといわれています。ところが、アシドロコンポストシステムで機能する乳酸菌はこの性質とは異なるように思われます。確かに250～300種類近くも存在する乳酸菌の多くはそのような性質を持ちますが、100℃近くになると胞子を作る種類も存在していますし、すべてが絶対嫌気性菌ではなく多様性があります。今回同定された乳酸菌もこのような状況で生育できる乳酸菌の何種類かと考えられます。

この処理過程を「アシドロコンポスト」として商標登録しましたが、コンポストは中性からアルカリ性で得られるものであることから、「これはコンポストではない」とのクレームもありました。しかし、コンポストは堆肥の英語名であり、各国のコンポストに対する定義も、「生物的に有機物を分解して得られる生成物で、有機物を腐熟させたもの」とされています。この定義によればこの処理システムの生成物は、乳酸などの有機酸によって弱酸性になってはいますが広義の堆肥・コンポストと何ら変わりはないと思われます。

酸性であることで普通のコンポストのようには使用できないのではないかという疑問もわきますが、酸性を示す理由が乳酸などの有機酸によりますので、後述するように逆に多くのメリットもあります。

⑥　処理機中の乳酸菌の菌数——

これまで述べてきた菌の分析にはDNAを抽出する効率の問題やPCR反応を行う際の阻害物質の影響などの問題による測定方法の偏り（バイアス）が存在し、定量性を議論することはできません。そこでそれらの条件を補正して菌数を定量するために内部標準として既知量の枯草菌、*Bacillus subtilis*を処理物の中に添加した後に同様にDNAを抽出し、内部標準の枯草菌の菌数と比較することで基材中の乳酸菌の菌数を定量しました。

その結果、生ごみを投入後48時間経った日の朝のそれは、乾燥生成物1g当たり約10^6個という値でありました。これに滅菌した栄養液を加え、次の日からは生ごみを加えますと、毎回その数時間後に乳酸菌数は増加し、10^7個強に増加することがわかりました。ごみの種類によっては増加率も異なりますが、いずれもその投入により乳酸菌が増えた後数時間で徐々に低下することもわかりました。これ等の投入物は、乳酸菌にとっての栄養物として菌の増殖に利用されたり、易分解物として消化されたりしたと思われます（H.Hemmiら、2004）。

一般土壌では1g当たり場所により10^8〜10^{10}個の微生物が存在すると報告されています。その値や他の堆肥などの全菌数の値に比べると、アシドロ方式の乾燥生成物1g当たりの乳酸菌の数10^6個という値はかなり低い値と思われます。これは、基材が酸性であり一般細菌が生育しにくい環境である上に、一般の微生物にとってはかなり高温環境（基材で60℃強、ステンレス製の内壁で80℃、200kg型処理機の内壁では95℃に設定されています)での処理のため、他の細菌が生育しにくい(存在しにくい)ためではないかと思われます。また、後述するバクテリオシンという抗菌活性をもつペプチドの効果もあるものと思われます。

⑦ FISH法による生菌数の測定———

これまで用いてきたPCR-DGGE法は主要な微生物の推移を知ることはできますが、定量性を議論するときは定量PCR法を用いる必要があります。さらに、コンポスト内の全真正細菌中の乳酸菌の占める割合を計算するためには、全真正細菌に結合するプローブと乳酸菌に特異的に結合するプローブを用いてのFISH(fluorescence in situ hybridization)法という特殊な方式を適用して行う必要があり、この方法を用いて測定しました。

FISH法は特定の微生物を観察・計量する目的で海洋または排水処理系で行われてきた技術であり、土壌微生物の測定には不向きです。そのため、コンポストからの微生物の抽出に際し、不純物を除くため孔径20～25μmと8μmのろ紙を用いて吸引ろ過を行うことにしました。酵母細胞などの大型細胞はこの条件ではろ過ができなくなる可能性もありますが、これまでのDGGE法で検出された微生物は、カビ以外は小型細胞であったため、バイアスは少ないと判断しこの方式を採用しました。

その結果、乳酸菌はコンポスト内で活発に活動している生細胞中の約半数(53.5%)を占め、優占種であることが確認できました(H.Hemmiら、2004)。

XI－(2) 酸性であり、乳酸菌が機能し、安全に利用できる理由

① 酸性を示す理由は———

多くの場所で使用されているアシドロ処理機の処理物(コンポスト)と他社の処理機での処理物(コンポスト)の有機酸分析を行いました。

その結果、アシドロ方式ではいずれも乳酸が主として生成され、それが酸性を示す主因であることがわかりました。他社の生成物でも乳酸が検出されているものがありますが、それらは恒常的ではなく、その上酸

性に偏ったものは酸敗に繋がりそれ以後の処理ができず基材の交換が必須となるなど、アシドロコンポストとは異なる結果でした。

② バクテリオシンの機能――

アシドロコンポストから5株の乳酸菌を単離し、これら5株を液体培養した培養液を用いて*B. subtilis*の生育阻害を調べました。各乳酸菌の培養液のpHは培養前の6.5から4.0ないし4.5でありましたので、pHによる*B. subtilis*の生育阻害の可能性を考慮して乳酸でpHを4.0に調整した培地そのものの生育阻害をもコントロールとして調べました。

その結果、5株すべてにおいて、培養後の菌体液をしみ込ませたろ紙のまわりでは*B. subtilis*が生育できず、生育が阻害された阻止円が確認できました。しかし、乳酸菌用の酸性の培地だけをしみ込ませたろ紙のまわりには生育阻害は確認できませんでした。これらの結果から、乳酸菌の分泌する物質が生育阻害を起こしていることがわかり、いわゆるバクテリオシンと呼ばれる物質が生じているものと思われました。この結果はすでに述べたように1g乾燥重量当たりの微生物量が多くない理由の1つではないかと思われます。

実はこのバクテリオシンの中でもラクトコッカス ラクティスの生産するナイシン（Nisin）はアミノ酸が34個からなるポリペプチドで、食品汚染の原因となるリステリア菌やボツリヌス菌、さらに黄色ブドウ球菌などを防除する活性を持っています。このナイシンは、アメリカの食品医薬品局では自然物と同様で安全であるという承認が得られ食品添加物として認められています。アメリカ、イギリス、フランスなど世界50か国で缶詰やマヨネーズなどの保存のために利用されているといわれています（一島、2004）。日本での承認はおりていませんでしたが、長年の審議を経て食品に使用する保存添加物として2009年に指定されました。

③ 処理機からの臭気について――

家庭用生ごみ処理機は家庭の主婦から嘱望はされていましたが広く普及しませんでした。その主要な理由が臭気であったことはすでに述べました。

そこで、アシドロ処理機に対してカルモア社の臭気測定機を用いて、排気口から出る排気ガスの臭気をΣ値として測定しました（表-5）。この値が300以下なら臭いは気にならないレベルといわれています。実際、処理機から3m離れたところではほとんど外気と変わりない値でした。また、処理を始めて31日経った時点では排気口のところでも家庭における配膳室内とほとんど同じ臭気濃度でありました。使用上ほとんど悪臭は気にならないことが数値の上からも確認されました（T.Nishinoら、2003；中山・西野、2001a）。

表-5　処理機の排気口からの臭気の測定

計測地点	Σ値*	
	11日目	31日目
生ごみ処理機排気口	375	340
生ごみ処理機から3mの地点	250	220
配膳室内	330	350
外気	230	210

*カルモア社製　KALMOR-Σ使用

しかし窒素分の多い魚や肉などの残渣を処理する水族館などでの使用にあたっては、臭気は完全にゼロではありません。そこで、処理機に活性汚泥菌を担持したサイコロ状の木片を詰めた消臭ボックスを装備して悪臭対策をとっています。のちに述べる大型の機器に関しても、この消臭ボックスを使うことで臭気に関してはあまり気になりません。日立市給食センターは新築して移転しましたが、移転前は民間アパートのすぐそばの屋外に500kgの処理機が設置されていました。近所の住民からの臭気の苦情は3年1か月の間に数回、曇天で空気のよどんだ時に寄せられただけでした。

茨城県の大洗水族館のように魚の残渣のみを処理するようなところでは、消臭ボックスを直列に2台設置するなどの工夫をしています。それにより臭気はあるものの気にならない程度に抑えられています。

我々がごみ処理などで感じる悪臭や気になる臭気の筆頭はアンモニアであり、主として生ごみ中のたんぱく質の窒素分の分解に由来します。

東北大学農学部の中井裕らも、2kg型のアシドロコンポスト処理機を用いて牛糞の堆肥化を行ったことをすでに述べましたが、処理機からのアンモニアの揮散は検出器の検出限界濃度以下であると論文で発表しています（R.Asanoら、2010）。

④　処理過程における人体病原菌や雑草の種子は――

堆肥化のマニュアルには、腸チフス菌や赤痢菌、また糞便汚染の指標となる大腸菌や最近問題となっている病原性原虫クリプトスポリジウムなどの死滅温度が表示されています。いずれも55～60℃で30～60分と示されています。また、雑草の種子のメヒシバやカヤツリグサなどの発芽率は50℃未満ですと96%および56%ですが60℃で2日間経ちますといずれも0%となります（堆肥化施設設計マニュアル、2000）。

図-11に示したように処理中の基材の温度は60℃を超えていますので、もしそれらの病原菌や雑草の種子が処理層に混入しても死滅してしまうと思われます。

⑤　排気口から病原菌などの有害菌が排出しないか――

上で人体病原菌等は死滅するとわかりましたが、念のため処理層に有害菌がいないか、さらに排気口からの排気ガスの中に病原菌などの有害菌が排出されないかを確認するために、まず処理層内の処理物をPCR-DGGE法で分離し、確認された微生物の危険度を以下の方法で調べました。アメリカの非営利企業として運営されている生物試料のリソースセンター、ATCC（American Type Culture Collection）は、現在知られている微生物・病原体等の危険度を4段階のリスクグループに分類しています。その表は『BSL（Biosafety Levels）』と呼ばれるバイブルにまとめられて本として発行されています。これを参考に処理層内の存在菌の安全性を評価しました。

その結果、検出されたアシドロコンポストに存在する微生物は全て「成人に感染の報告が無い」とされる4段階のレベルの内のレベル1の菌ばかりでした。ただしPCR-DGGE法で検出されない微生物も存在するとは思われます。しかしたとえ存在していたとしても、酸性でしかも高温状態でもあることから、上の④項でみたように死滅していると思われます。従って、排気口から排ガスとともに、たとえ菌が外部にもれ出ることがあっても安全であると思われます。また、処理層内の処理物に直接手で触れても問題の無いこともわかりました。

XI－(3) アシドロ処理機能の特色

① 固体（表面）発酵における乳酸菌の特異な性質―――

生ごみ処理のように固形の表面や内部で微生物が増殖し機能する方式を、固体培養、あるいは固体表面培養と呼びます。このような複雑系での微生物の生育は、これまでの微生物学が対象としてきた均一な液体培地の中で確立された研究体系とは基本的に異なるものと考えられます。固体表面は好気的であっても、固体(食材、生ごみ)内部は微生物にとっては嫌気的と考えられるなど、生ごみ処理は不均一な生態系における微生物活動によると考えられます。

生ごみや畜糞のようにヘテロな発酵現象の研究は、これまでほとんど手が付けられていなかった分野と思われ、今後の研究対象と思われます。したがって、今回検出された乳酸菌がタンパク質などを分解することができるのかという疑問に対しても、試験管レベルでの分解酵素の検出を試みましたが、見出すことはできませんでした。しかし、共生関係が出来上がっている微生物のコミュニティーは複雑であります。それらが分泌する多くの酵素が複雑に絡み合って物質代謝が行われているものと思われます。なぜなら、定量性に乏しいDGGE法などで検出される微生物叢は主となっている菌のみが検出されるだけで、微量に存在するものはバンドとして検出されないからです。実際にFISH法で生菌を調べた実験からも乳酸菌は全生菌数のほぼ半分とわかりました。従って、多くの微生物のコミュニティーが隠れていて、それらが共に働いて、それぞれの持ち場で分解が進んでいるものと思われます。

② 飼料化への試み―――

得られる処理生成物は窒素分が多く、そのまま土壌に加えると植物が徒長してしまいます。そのため、庭や畑では土に混ぜ、二次発酵のようなプロセスを経て使用しています。ただ、このように土と混合しておきますと、野鳥が来てかなりの部分がつつかれて穴ができてしまうことがあります。また、大学の食堂での実験ではキャンパスに住み着いている野良猫が寄ってきて、こぼれたものを食べていました。

このように、処理する原料を給食センターや食品廃棄物や野菜くずのみに限定したようなときの生成物は、家畜の餌になると思われます。特にアシドロコンポストの場合の生成物は、乳酸菌入りの飼料として利用価値は高いと思われます。実際に豚舎では成長期や消化不良を起こした豚に乳酸菌入りの飼料が使用されているといわれますので、アシドロ処理で得られる生成物は大いに利用価値がありそうです。

そこで、飼料化への可能性について実験を行いましたが、食品残渣から入る油分の分解に時間がかかり、現時点での実用化には至っていません。大学生協や家庭の生ごみには油を使用した食品残渣が多く、これらの油分の分解が不十分のままエサとして使用すると脂身に処理物の臭いが残ってしまうと敬遠されました。確かに、この処理方式では毎日生ごみが投入されているので、前日に投入された生ごみもコンポストとして取り出すことになります。十分な分解時間がないものも含まれているので、仕方のないことと思われます。従って、飼料を目的にする場合には処理物の投入をある時点でストップし、その後の一定期間は水だけ、または易分解物のみを投入して処理時間を稼ぎ、油分などの分解を促すなどの調整が必要になりそうです。

XI－(4). アシドロ方式で得られるコンポストの特徴、乳酸の効果

①　アンモニアが揮散せずに残り、
窒素肥料分の多いコンポストになる———

一般のコンポスト化（堆肥化）を行うときのpHは中性からアルカリ性です。そのためタンパク質が分解されて生じるアンモニアは揮散し、処理物中の窒素分の半分以上は無駄に大気中に廃棄されているのが現状です。

しかるに、アシドロコンポストは基材が酸性であるため、アンモニアは揮散せずにコンポスト中に中和されて残ります。他のコンポストと比較すると窒素肥料分が高くなり、C/N比としては低い値になります。例えば、家庭ごみを普通の状態で堆肥化したコンポストのC/N比の値が27.0である（松崎、1999）のに対し、アシドロコンポストで得られる値は11.5になります（中山・西野、2001b）。また、一般の生ごみの好気発酵コンポストで16.3のところ、同じように作成したアシドロコンポストでは12.6と報告されています（中井ら編、山本ら、2015b）。コンポスト作成の進み具合によってもこの値は少し変化すると思われますが、同時に比較した結果を含め一般に窒素分が多く、C/N比の値が低いことがわかります。

従って、この方式の生成物を作物生産にそのまま利用すると、徒長気味になるほどの窒素分が肥料に残るシステムです。さらに大気中への揮散がないことから亜酸化窒素も生成せず、環境保全型の処理システムでもあります。

また、東北大学農学部の伊藤豊彰教授らは、窒素分の多い魚カスを原料として用いた時は投入直後に少量のアンモニアが発生するが、その全体量は投入した材料に含まれている窒素のわずか1.0%であり、亜酸化窒素のそれは0.019%であるほど非常に少なかったと報告しています（伊藤ら、2013）。少量ではあってもアンモニアが揮散したのは、投入直後に代謝が一時的に昂進されるなどして発生したアンモニアが、培地が液体ではなく固体培地であるため、酸性部分に触れることなく固体の隙間を通って一部揮散したのではないかと思われます。

② 酸性土壌の弊害を防ぐ有機酸の効果、
アルミニウムイオンをキレート化———

得られるコンポスト（堆肥）が酸性であると、日本に多い酸性土壌に使用した時にはさらに害が増幅されるのではないかと疑問に思われます。しかし、酸性土壌での弊害の原因は、鉱物性の酸によって土壌が酸性になり、それによりアルミニウム（イオン）が溶出することです。これが根の伸長を阻害してしまうので水分や養分の吸収に支障をきたすのです。

しかし、アシドロコンポストは有機酸が原因となっての酸性なので、アルミニウムは有機酸によってキレート化(結合)されて複合体になります。この状態になると植物には吸収されず、無毒になります(松本、2000)。

植物によっては根から自前でクエン酸やシュウ酸の有機酸を出して毒性を防除しているものもあります。しかしこのような植物の戦略は、アルミニウムの害を除く意味の他に有機酸でアルミニウムが除かれることでリン酸が可溶化されて有効に利用できるようになる意味合いが含まれています(日本土壌肥料学会編、1994)。このことは以下の③で詳しく触れます。

酸性土壌に酸性であるアシドロコンポストを使っても、それが原因でいわゆる酸性土壌のアルミニウムイオンの弊害は起こりません。むしろ、一般の酸性土壌で問題となるアルミニウムの害を部分的に抑えてくれるので酸性土壌への使用にも問題はないと、東北大学名誉教授の三枝正彦教授に示唆されました。この酸性のコンポストを使えば土壌微生物が増殖して地力が向上するので、酸性土壌に対して使用するメリットの方が大きいと考えられます。それゆえ、酸性コンポストの「酸性」を問題視する必要はないと思われます。ただし、酸性土壌にこのコンポストを使うとその弊害がなくなるという意味ではありません。いわゆる普通の堆肥(有機性肥料)を使うことと同様であり、乳酸によってアルミニウムイオンがその量に見合うだけは除かれますが、すべてがキレート化されて酸性土壌が改善されるというわけではありません。

ところで、降水量の多いところの土壌は酸性になりがちであり、日本も酸性土壌が多く存在するといわれます。雨が多いとなぜ酸性になるのでしょうか？　それは降水が土の塩類(カルシウムやカリウムなど)を土中下層部に流してしまい、表土面の水素イオン(H^+)の濃度が高まるためといわれます。雨が少ないところではいったん下層に流された塩類が表土面の水分の蒸発で再び表土に戻されるために水素イオンの濃度が高くならないと述べられています(生源寺監修、2010)。なお、降雨とは無関係に、すでに述べたように化学肥料を多用することでも土壌の酸性化はおこります。

③ リン酸肥料分を可溶化する有機酸、
有機酸が陽イオンをキレート化して――

魚の骨や骨粉から得られるリン酸分肥料は水に溶けないリン酸カルシウムが主成分です。そのため魚骨や骨粉を原料として作られる堆肥ではリン酸分は不溶性のまま残ってしまいます。また、リン酸肥料を土壌に撒いても、土壌中のカルシウムや鉄、アルミニウムなどと結合してしまい、それらは一般的に難溶性であり、植物は利用できません。実際土壌に施したリン肥料の10～20%しか作物に吸収、利用されず、土壌に残ったままであるといわれています(H.D.Foth著、江川監訳、2001)。

ところで、難溶性リンを可溶化する方法として、有機酸を生成する微生物を探索して用いる手法が一時研究されました。得られる乳酸やクエン酸がカルシウムや鉄などの陽イオンとキレート結合することにより、リン酸イオンを可溶化するためです。500μgの乳酸により骨や歯の主成分であるヒドロキシアパタイト(塩基性リン酸カルシウム)から104μgのリン酸を、また同じ量のクエン酸により113μgのリン酸を溶解し得るとのことです(西尾・木村、1986)。

アシドロコンポスト方式では処理物に乳酸が存在しますので、魚骨を含む魚残滓類を処理した時は可溶性リン酸分が処理物(コンポスト)の中に増加していることが期待できます。

実際、伊藤豊彰らは魚あらを原料としてアシドロコンポスト処理によって得られたコンポストを連続水抽出法で抽出し、溶解されたリン酸量を測定しました。その結果、市販の魚かす肥料と比較して可溶性のリン酸分が1.6～2.0倍多かったと報告しています。また、全リン酸量に対する可溶性リン酸の割合は、魚かす肥料が10%であるのに対し、アシドロコンポストのそれは18～29%であり、アシドロコンポストは魚骨由来のリン酸の高品位な資源化が可能であると報告しています(伊藤ら、2013)。

さらに、それまでに土壌に施肥されたにもかかわらず不溶性のままで留まっているリン酸はアシドロ堆肥を施肥することにより可溶化され利用率が上がるはずです。国際的にリン酸資源が欠乏している中、このアシドロ方式は身近で有効な解決策と思われ、これもコンポストに存在する乳酸の特異な効果の1つと思われます。

④　土壌分析の落とし穴———

農作物を育てる時は、まず、しかるべき分析センターなどに依頼して土壌診断を受け、施肥計画を立てることが多いと思われます。しかし、出てきた分析結果の数値は上で見たように植物が利用できない分子種や不溶性の形態の成分までもが加算されています。従って、「土壌分析には落とし穴がある。得られた肥料バランスなどの結果は植物が利用できる肥料分の値ではないので、実際はその土壌が置かれている複雑な現場の情報を考慮する必要がある」と現場で働いてきた人から聞かされました。

⑤　環境基本法、悪臭対策には乳酸菌を———

1993年に公害対策基本法が環境基本法に変わりました。この法律で定められている公害の1つに「悪臭」があります。特にひどいのが豚舎などの家畜糞ですが、その防止手段として乳酸菌が注目されています。乳酸菌から生じる乳酸によって、アンモニアをはじめ塩基性の悪臭を中和して除去するという考え方で、実際、台湾などで一部実用化されているといわれています（堀内、2002）。

タンパク質が腐敗した時に発生する不快な臭いとしてカダベリンやプトレシンなどが同定されていますが、両者とも炭素が6個または4個でアミノ基が2個付いたジアミン類です（大園、2018）。従ってこの臭気も乳酸で吸収・除去が可能です。

アシドロ方式は、まさしく乳酸菌が主となり乳酸を生じるシステムですので、公害対策用にも合致した方式と思われます。

⑥　ジャガイモの生産に対する効果———

伊藤豊彰らは、アシドロコンポストをジャガイモの肥料として使用した時は、塊茎収量が一般の牛糞コンポストを使用した時に比して有意に増加することを示しました。さらに、化学肥料区よりもわずかに多かったと報告しています。

また、亀の甲症の病気の発生は他の肥料に比して少ない傾向があり、ナガイモに対しても同様であったと述べています。イモ類の収量向上機能は数年にわたる彼らの研究によって実証されました（中井ら編、山本ら、2015c）。

⑦　雑草の発生抑制効果———

③項および⑥項と同様に、伊藤豊彰らはアシドロコンポストと魚かす肥料を用いて雑草の発生を比較しました。市販の魚かす肥料を多量に施した区域の双子葉雑草の発生は13％抑制されましたが、それに比して茨城県の大洗水族館で魚の残渣から得られたアシドロコンポストでは双子葉雑草の発生が30～40％も抑制され、効果が大きかったと報告しています（伊藤ら、2013）。

Ⅺ－(5)．アシドロ方式の処理機、処理方式のラインナップ

1～3kg/dayの家庭用生ごみ処理機は、今から25年近く前から㈶日立地区産業支援センター内の研究会のメンバーであるスターエンジニアリング㈱（日立市）を中心に製造、販売され、国内に約2万台普及しています。

また、業務用でも5～500kg用が同社から市販されており、合わせて約200台が普及しています。主に老人ホームや学校、保育園などで使用されている他、茨城県大洗水族館、東京都の葛西臨海水族園や国立環境研究所及び香川県農業試験場などで使用されています。最も大きな500kgタイプは、日立市給食センター（新南高野学校給食共同調理場）で2台、千葉大学環境健康フィールド科学センターおよびODAがらみでインドネシアのスラウェシ島のLNGプラントなどの作業場で2台使用されています。すべての装置で確実に乳酸菌が主となるアシドロ方式が維持され、処理が良好に持続されています。また最近は九州の複数の離島での生ごみ処理に対して大型処理機の設置が行われている他、動物園の糞の処理にも利用されています（中井ら編、山形、2015c）。

これらの処理機はすべて、菌の追加や交換などを必要とせずに稼働しています。家庭での使用では基材の容量(キャパシティー)が小さいため、夏場にスイカの皮など水分量の多い生ごみを多量に投入すると基材が一時ドロドロになり、臭気を発生させる場合があります。しかし、そのような時でもごみの投入を1～2日休んで空運転をするか、米ぬかを少量加えることで解決しています。

大型のものは基材のキャパシティーが大きいので、それほど問題となることはありません。機器設置の最初の段階でアシドロ方式になるまでの立ち上げにはメーカー(スターエンジニアリング㈱)の技術者が立ち会う必要がありますが、定常運転に移ってからはほとんどのところで安定して稼働しています。

処理に関するクレームは家庭用、業務用共に、投入量が多すぎて処理が進まないなどの使用方法に対する質問はあるものの、それ以外についてはほとんどありません。

Ⅺ－(6). 堆肥センターなどの大型処理プラント

①　既存の好気的、撹拌型堆肥化プラントへの実績――

この方式は1日25～35tの畜糞や食品残渣などを処理する開放系の大型の処理センター（処理プラント）においても使用は可能で、宮城県のあさひな農協堆肥センターにおいて実証済みです。10tの牛糞、20tの生ごみ、4tの汚泥などをそれまで毎日標準的に処理していた90m×7mのオープンレーン（写真-1）では、3か月間種菌を投入し続けて堆肥舎すべてが酸性になり、非常に良好に処理が持続するようになりました。定常的に稼働してからは、1日7tの返送堆肥（戻し

写真-1　大型プラント（撹拌型）へのアシドロ方式処理

堆肥）を投入口に追加して運転をしていました。

酸性であるため、アンモニアなどの臭気が堆肥に吸収され全く揮散せず、作業員の衣服に付く悪臭もなくなりました。作業着を着替える必要がなくなり、作業者から喜ばれました。

家庭用、業務用処理機においては、撹拌されているアシドロ基材の中へ生ごみ等が投入されますので、生ごみはそのまま菌と接触、混合されます。しかし、大型処理プラントの処理の場合は、スクープ式などの攪拌機によって処理物を1日数mずつ出口の方向に移動させるため、投入口にはアシドロの処理菌が存在しません。そのような場所に毎日25～35tもの生ごみや畜糞などのごみが新たに投入されます。そのため、この方式では投入時点で種菌を投入するか、ほかの場所で作成した乳酸菌が主となったコンポスト(生成物)を種菌として少量ずつ添加するか、または戻し堆肥と混合するなどの前処理が必要です。そうでないと、生ごみや畜糞などに含まれる多くの雑菌によって乳酸菌が凌駕されてしまいアシドロ方式とは異なってしまいます。

その処理を施す威力を調べるため、約1年半良好にアシドロ方式が続いた堆肥センターの処理に対して、いわゆる種菌投入を中止したところ、6か月間は戻し堆肥を有効に使うなどの工夫でアシドロ方式が持続できました。しかしその後は徐々にpHが高くなり、元の悪臭の発散する劣悪な状態(元の木阿弥)に戻ってしまいました。戻し堆肥の使用だけでは持続は無理でした。その後、施設の予算などの関係で、このセンターではアシドロコンポスト方式は使用されておりません。

このように25～35tもの大量の畜糞や食品残渣を処理する場合には、いわゆるアシドロ菌(乳酸菌)が凌駕されないようにごく少量の種菌を間欠的に投入するなどの工夫が必要であることが分かりました。

これらの成果は2006（平成18）年度の（財）みやぎ産業振興機構の「プロジェクト創生研究会助成」による研究会での成果として得られたものです。

②　堆積方式による堆肥化プラントでの実績（嫌気的処理）———

上で見たような「撹拌方式の堆肥化」に対して、堆肥舎などで古くから行われてきた嫌気性の“堆積型”の古典的な堆肥化方式でもアシドロ方式は使用（利用）可能でした。これは、処理物をただ積み上げておき、時々シャベルローダーなどで切り返して堆肥化を行う方式で「堆積型堆肥化方式」と呼ばれます。

週1回程度の切り返し（ないしは撹拌）を行う嫌気的処理においても、種菌を添加するか、戻し堆肥を有効に使用するなどすると、これまでこの方式で問題視されていた汁ダレ（液ダレ）が起こらず嫌気的腐敗もなく、必然的に悪臭も発生せずに減容化が進むことがわかりました。従来からの古典的な堆肥化方式に新風を吹き込んだような結果を得ることができたのです。山形県の新庄・最上堆肥センターの有機農業者協会、および、宮城県のあさひな農協堆肥センターにおいて実証済みであり、山形では現在も良好に実施されています。

写真-2　アシドロ方式による大型の堆積型処理（嫌気性）

この方式は処理が困難だといわれている種々の汚泥の処理においても応用が可能です。上記と同様の堆積型嫌気方式を用いて汚泥を処理すると、臭気がほとんど気にならない状態で処理を行うことが可能であることも実証されています。

Ⅺ－(7).　バイオトイレへの更なる発展、福島原発事故処理現場にも

この処理機の上に便器を置いたバイオトイレがJR北海道の釧網線を走る“流氷ノロッコ号”および“くしろノロッコ号”に設置されました。実

証試験が2008年から行われ、稼働240日間でドラム缶約25本分の排泄物を基材の交換もせずに連続処理することができました（渡邉ら、2010）。

この方式のトイレは屋外工事現場での仮設トイレとして約500台が全国的に普及している他、公園、山小屋などのバイオトイレとしても利用されています。しかし、そのままの方式では撹拌や加熱のための電力が必要で、ソーラー発電などと組み合わせた方式が工夫されています。

最近では2012年（平成24年）に福島第一原子力発電所事故処理場の放射線管理区域内の作業員休憩所にこのトイレが40台選定されて使用されており、臭気軽減などでの快適性で高い評価を得ています。この休憩所は放射線管理区域内であるため、汚物を外部へ持ち出せない制約があります。ところがこのトイレは汚物が大幅に減容化され長期間安定に使用でき、汚物感もないことで評価され、非常に重宝がられています。

XII. 堆肥から発生するガスによる環境破壊

【コラム11. 亜酸化窒素はオゾン層の最大の破壊者であるとの発表の衝撃】

オゾン層の破壊者はフロンであるといわれ、現在はかなり規制されているため、フロンの濃度は減少してきています。

しかし、現時点でオゾン層破壊に最も大きな影響を与えているのは亜酸化窒素（N_2O）であると、アメリカの海洋大気庁（NOAA）のRavishankaraらが2009年8月28日の「サイエンス」（電子版）で発表しました。オゾン層破壊に当たってのフロンの規制がやっと一段落し安心していたところでしたので、その報道は世界中に衝撃を与えました。亜酸化窒素は日常的に非常に身近なところに存在している物質であり、そのようにありふれた物質に対しての警告でしたので世間の耳目を集めた次第です。

この化合物は、後述するように農地から散逸するアンモニアガスが空気中で酸化されて発生しますので防ぎようがなく、21世紀の間は亜酸化窒素によるオゾン層の破壊の傾向は続くであろうと述べられています。

さらにこの化合物は地球温暖化ガスとしてもすでに問題視されていますので、二重の意味で環境破壊物質として注目しなければならない問題となりました(A.R.Ravishankaraら、2009)。
ちなみにこの化合物は歯科においては「笑気」という麻酔薬としても使用されている身近な物質です。

XII－(1). 堆肥からのアンモニア、亜酸化窒素の発生抑制

①　世界における堆肥製造時や農地からのアンモニア揮散の状況――

生ごみや畜糞などのコンポストの製造時や、それらを農地に使用した時には、アンモニアが大量に揮散してしまいます。実際、オランダではその量は53kg /haにも及んでいます。それがそのままの状態か、さらに酸化されたのちに雨によって地上に降り注ぐことが近年問題となっています。ベルギーでも同様のデータが出されていますし、日本においても畜糞からその窒素分の49～57%がアンモニアとして揮散しているというデータが報告されています。

アンモニアは大気中で窒素酸化物になり亜酸化窒素にもなります。この化合物の地球温暖化効果は二酸化炭素の310倍もあるとこれまでも注目されていました。さらに、これらの窒素酸化物は最終的には硝酸にまで酸化されて酸性雨の原因にもなります。

国土の広いアメリカでも、農地へ畜糞を散布することによりアンモニアが発生するこの問題はこれまでは野放しでした。しかし近年、広大なアメリカの平原においても、これらの環境に及ぼすアンモニア揮散の問題は注目せざるを得なくなってきました。しかし、これまで打つ手はないと思われてきましたし、現在も有効な手立ては打てないでいるのが現状です。

②　アシドロ方式でオゾン層の破壊防止を！――

アンモニアの揮散を抑える必要があることは間違いないのですが、大量の畜糞を処理することを考えても、さらに広大な耕作地に堆肥が使用

されていることを考えても、現実的には困難な問題です。21世紀の間はこの問題は継続し、解決方法はないであろうと思われています。

しかし、アシドロ方式ではアンモニアが発生しません(揮散しません)ので、亜酸化窒素の発生も起こりません。また、この方法はすでに既存の大型の処理プラントなどの施設でも蓄糞を含めての処理が実証され、実用化されています。さらに、すでに生ごみや畜糞などを従来法によって堆肥化している既存の処理場でも、このシステムに切り換えて処理を行うことは可能であり、これも実証済みです。従って、この方法で処理を行い、できた堆肥を農地へ還元できれば、オゾン層の破壊は大きく抑制されると思われます。

さらにこのアシドロ方式ではアンモニアが堆肥の中に残っているので、これまで無駄に放散されるにまかせてきた窒素分が堆肥に蓄積されて残っているという効果もあります。この方式は有機性廃棄物を有効利用するという観点からも、また、乳酸菌の多くの効果からも画期的な方式と思われ、一石二鳥、あるいはそれ以上の効果が期待されることになります。この方法が今後幅広く普及することを期待したいと思います。

XII－(2). アシドロ方式の特徴のまとめ

アシドロ方式では、高温状態で乳酸菌が機能し、乳酸酸性状態が維持されます。そのため、酸性状態なので他の細菌は繁殖しにくく雑菌が入っても数日で元の乳酸菌状態に復元します。また小型処理機から大型処理機、好気的撹拌型堆肥化プラントから堆積型嫌気的処理、さらにバイオトイレなどに利用可能であり、長期間処理機能が持続し、臭気が非常に少ないシステムです。

その上、オゾン層破壊削減効果、温室効果ガスの削減効果、酸性雨の削減効果などもあり、生成した堆肥は保存性が良く、窒素分が多くて肥効に優れており、リン酸分を可溶化する有効活用なども可能となるなど多くの利点が挙げられます。

第４章　引用文献

藤田賢二（1995）、『コンポスト化技術、廃棄物有効利用のテクノロジー』、p.1、技報堂出版（1995 年）

中井裕、伊藤豊彰、大村道明、勝呂元編、中井裕、山本希、東條ふゆみ（2015a）、『コンポスト科学、環境の時代の研究最前線』、p.1、東北大学出版会（2015 年）

土壌微生物研究会編、木村眞人・豊田剛己（1997）、『新・土の微生物（2）、植物の生育と微生物』、p.14、博友社（1997 年）

西尾道徳（1995a）、『土壌微生物の基礎知識』、p.92、農山漁村文化協会（1995 年）

服部勉（2010）、『大地の微生物世界』、p.119, 岩波新書（2010 年）

日本土壌微生物学会編（2003）、『新・土の微生物（9）、放線菌の機能と働き』、p.26、博友社（2003 年）

農林水産省農業環境技術研究所編、横山和成（1998）、『水田生態系における生物多様性』、p.170、養賢堂（1998 年）

藤原俊六郎（2003）、『堆肥の作り方・使い方・原理から実際まで』、p.29、農山漁村文化協会（2003 年）

西尾道徳（1997a）、『有機栽培の基礎知識』、p.206、農山漁村文化協会（1997 年）

西尾道徳、藤原俊六郎、菅家文左衛門（1995）、『有機物をどう使いこなすか』、p.30、農山漁村文化協会（1995 年）

唐沢豊編、井上直人（1999）、『21 世紀の食・環境・健康を考える、これからの生物生産科学』、p.192、共立出版（1999 年）

西尾道徳（1995b）、『土壌微生物の基礎知識』、p.172、農山漁村文化協会（1995 年）

田辺和裄（1996）、『生物と環境 ――生物と水土のシステム』、p.29、東京教学社（1996 年）

松中照夫（2003）、『土壌学の基礎、生成・機能・肥沃度・環境』、p.167、農山漁村文化協会（2003 年）

西尾道徳（1997b）、『有機栽培の基礎知識』, p.111、農山漁村文化協会（1997 年）

杉山修一（2013）、『すごい畑のすごい土、無農薬、無肥料、自然栽培の生態学』、p.73、p.111、p.128、p.175、幻冬舎（2013 年）

水木たける（2013）、「「奇跡のリンゴ」ブームに違和感」、『農業経営者』、8月号、p.41-42、農業技術通信社（2013 年）
安藤淳平（1995）、『環境とエネルギー ―21 世紀への対策―』、p.138、東京化学同人（1995 年）
日刊工業新聞（2002）、7 月 25 日（2002 年）
N.Tsuruoka, T.Nakayama, M.Ashida, H.Hemmi, M.Nakao, H.Minakata, H.Oyama, K.Oda, and T.Nishino（2003）；「Collagenolytic Serine-Carboxyl Proteinase from *Alicyclobacillus sendaiensis* Strain NTAP-1: Purification, Characterization, Gene Cloning, and Heterologous Expression」.『**Appl. and Environmental Microbiol.**』, 69, 162-169（2003）
T.Nishino, T.Nakayama, H.Hemmi, T.Shimoyama, S.Yamashita,M.Akai, T.Kanagawa, and K.Hoshi（2003）；「Acidulocomposting, an Accelerated Composting Process of Garbage under Thermoacidophilic Conditions for Prolonged Periods」.『**J. Environmental Biotechnology**』, 3, 33-36（2003）
H.Hemmi, T.Shimoyama, T.Nakayama, K.Hoshi, and T.Nishino（2004）；「Molecular Biological Analysis of Microflora in a Garbage Treatment Process under Thermoacidophilic Conditions」.『**J. of Bioscience and Bioengineering**』, 97, 119-126,（2004）
R.Asano, K.Otawa, Y.Ozutsumi, N.Yamamoto, H.S.A-Mohsein, and Y.Nakai（2010）；「Development and Analysis of Microbial Characteristics of an Acidulocomposting System for the Treatment of Garbage and Cattle Manure」.『**J. of Bioscience and Bioengineering**』, 110, 419-425,（2010）
T.Suematsu, S.Yamashita, H.Hemmi, A.Yoshinari, T.Shimoyama, T.Nakayama, and T.Nishino（2012）；「Quantitative Analyses of the Behavior of Exogenously Added Bacteria during an Acidulocomposing Process」.『**J. of Bioscience and Bioengineering**』, 114, 70-72,（2012）
S.Haruta, M.Kondo, K.Nakamura, H.Aiba, S.Ueno, M. Ishii, Y.Igarashi（2002）；「Microbial Community Changes during Organic Solid Waste Treatment Analyzed by Double Gradient-denaturing Gradient Gel Electrophoresis and Fluorescence in situ Hybridization」.『**Appl. Microbiol. Biotechnol.**』, 60, 224-231（2002）
T.Nishino、未発表
一島英治（2004）、『発酵食品への招待、食文明から新展開まで』、p.83、裳

華房（2004年）
中山亨、西野徳三（2001a）、「アシドロコンポスト化：臭気発生のほとんどない新しいコンポスト化プロセス」.『臭気の研究』、32巻、210-216、社団法人臭気対策研究協会（2001年）
堆肥化施設設計マニュアル（2000）、p.15、中央畜産会（2000年）
松崎敏英（1999）、『土と堆肥と有機物』、p.185、家の光協会（1999年）
中山亨、西野徳三（2001b）、「生ごみのアシドロコンポスト化と酵素による支援」、『**バイオサイエンスとインダストリー**』、59巻、26-29、一般財団法人バイオインダストリー協会（2001年）
中井裕、伊藤豊彰、大村道明、勝呂元編、山本岳彦、南出圭祐、浅木直美、齋藤雅典、伊藤豊彰（2015b）、『コンポスト科学、環境の時代の研究最前線』、p.183、東北大学出版会（2015年）
伊藤豊彰、茄子川恒、山本岳彦、田島亮介、斎藤雅典、中井裕、大村道明（2013）、「アシドロコンポスト化による水産加工廃棄物を材料にした低環境負荷・高機能性有機質肥料の製造と特性」.『**コンポスト総合研究プロジェクト（PICS）平成24年度成果報告書**』、p.14-27、コンポスト総合研究プロジェクト事務局（2013年）
松本英明（2000）、「酸性土壌で発現するアルミニウムストレスに植物はどう応答するか、障害と耐性の分子機構」、『化学と生物』、38巻、452-458、公益社団法人日本農芸化学会（2000年）
日本土壌肥料学会編、南条正巳（1994）、『低pH土壌と植物』、p.167、（1994年）
生源寺眞一監修、土壌と生活研究会編著（2010）、『土壌の科学』、p.48、日刊工業新聞社（2010年）
Henry D. Foth著、江川友治監訳（2001）、『土壌・肥料学の基礎』、p.288、養賢堂（2001年）
西尾道徳、木村龍介（1986）、「リン溶解菌とその農業利用の可能性」、『土と微生物』、28巻、31-40、日本土壌微生物学会（1986年）
堀内勲（2002）、『赤ちゃんはスリッパの裏をなめても平気、あなたの周りの微生物がわかる本』、p.214、ダイヤモンド社（2002年）
大園享司（2018）、『生き物はどのように土にかえるのか、動植物の死骸をめぐる分解の生物学』、p.53、ベレ出版（2018年）
中井裕、伊藤豊彰、大村道明、勝呂元編、山形眞人（2015c）、『コンポスト

科学、環境の時代の研究最前線』、p.73、東北大学出版会（2015年）
渡邉礼規、高橋敏実、三木賢一（2010）、「鉄道車両用バイオトイレ〈環境にやさしい汚物処理の不要なトイレの開発〉」、『建築設備と配管工事』2010年12月、39-44、日本工業出版（2010年）
A.R.Ravishankara,John S.Daniel,Robert W.Portmann（2009）,「Nitrous Oxide（N_2O）：The Dominant Ozone-Depleting Substance Emitted in the 21st Century」,『Science』326巻, p.123-125, DOI: 10.1126/science.1176985（2009）

アシドロコンポストに関する研究の総説等

S.Haruta, T.Nakayama, K.Nakamura, H.Hemmi, M.Ishii, Y.Igarashi, and T.Nishio;「Microbial Diversity in Biodegradation and Reutilization Processes of Garbage」.『J. of Bioscience and Bioengineering』, 99, 1-11,（2005）
西野徳三；「食品のバイオリサイクル」.『TOBIN（東北地域バイオインダストリー振興会議、機関誌）』、No.19, 7-11（2001）

第5章　自然と太陽のエネルギーのめぐみ

XIII. 自然に対する考え方

これまで「自然」という言葉を多くの場面で使用してきました。自然とは母なる大地であり、すべてのものを受け入れ、成長と再生を永久に繰り返すものと思われてきました。さらに人智を超えた力により出来上がったものとも考えられてきました。

また、その自然とは空気、水、土壌、さらにそれらに住み着く多くの生き物などさまざまな要素によって構成されており、それらが関連しあって出来上がったものは「環境」という言葉でも表現されると思われます。さらに生物が関わるときは「生態系」とも呼ばれるものと思われます。

議論の仕方によってはそれぞれ別の定義があるとは思われますが、この著書では「自然」と「環境」、場合によっては「生態系」も、細かくは区別せずに書き進めてきました。

XIII－(1). 自然の成り立ち

自然は気候や天変地異によって変化するといわれます。日本はその変化の中でも火山活動が活発であり、爆発的な噴火が至る所で起こります。その都度火砕流が起こったり、真っ赤に熔けた溶岩が流れたり、硫化水素などの毒性ガスが噴出したりします。当然そのようなところではそれまでそこに生育していた動植物すべてが焼き尽くされ、枯死するなどして有機物の全く存在しない溶岩平や台地になってしまいます。

しかし、その後その場所の気候風土に適した種々の生命体が、ありのままの形で発生していき、さらにその後、その気候や土壌の変化に即した植生や生態系へと遷移して出来上がったものがそれぞれの自然ということになると思われます。

① 鹿児島の桜島噴火後の植生の継時変化―――

桜島では過去何百年の間に何度も噴火が起こり、その都度溶岩と火山灰が堆積しました。それぞれの噴火時の溶岩部分が残っている場所には噴火から現在までの年数によって異なる植生や土壌が形成されています。

噴火後20年ほど経ったところにはコケ類や地衣類が溶岩のくぼみに生育し、50年ほど経過しますとススキなどの草本類が火山灰の窪地に生育するようになります。100年ほどたつと溶岩の上にも土らしい堆積物が増えてきて、マツなどの低い木々が生えてくるそうです。さらに500年ほど経過したところではやっと土壌ができあがり、低木から常緑高木のブナの一種のカシやクスノキ科のタブノキなどが主となる林に遷移すると述べられています（田辺、1996）。

② 海上火山の誕生後の変化―――

小笠原諸島は八丈島南方約700㎞の太平洋上に南北に点在する30あまりの島からなる火山列島で、何万年も前から新たな火山島が海底から次々と現れて出来ました。ほとんどの島は人が住むことがなく、しかも陸地から遠く離れている海洋島です。人が定住する島からも遠く隔てられた孤島でしたので、人の手が入らない火山岩の島がそのままの状態で残されてきました。また、父島のように人が定住している島でも溶岩台地がそのまま残された部分もありますので、その部分にも人の手が入っていません。

2013（平成25）年には西之島が噴火し、島の面積が10倍にも拡大しました。そのほとんどが固まった溶岩に覆われてしまいましたので、地球の進化をゼロから観察でき、生態系が新たに形成されていく過程を観察できる絶好のチャンスであると思われました。そこで2016年には東京大学の地震研が中心となって調査を行いました。さらに、噴火が落ち着いた2019年9月には環境省が島の動植物の生態系の初期の状態や溶岩地形の成因や新島生長過程を調べるために調査隊を派遣しました。隊員の上陸に当たっては、随伴生物などを人為的に持ち込むことのないよう衣類や靴などは新品を使用し、その他のものは冷凍処理を行うかアルコール消毒を行いました。その上、海に荷物ごと全身をもぐらせてから上陸するウェットランディングを行って調査を行い貴重なデータを得ました。

また、誕生からの時間経過の異なるそれ以外の島でも調査が行われ、島の成り立ちや生態系の一次遷移が観察されました。このような溶岩台地にまず起こる変化は、魚を食べた海鳥が溶岩の岩山の上に糞をし、それが雨で流れて窪地に集まり、長い年月を経てやっと土のようなものが生じることです。しかし、急峻な岩山ではそれらの糞が雨で流されてしまい、土壌として発達しにくい状況と思われます。そのような島に、台風の風や渡り鳥の羽根などについて植物の種が運ばれたり、昆虫が流木と共に流れ着いたりして生き物の営みが始まります。

誕生から3万年後の姿である南硫黄島は、人里離れた孤島であることや生命体にとってあまりにも過酷な環境であるために人が渡ることは不可能でした。そのため人為的な力が加わることなく自然の状態が維持されてきたと思われ、生態系の成立や発展を知る世界的にも貴重な島となっています。山の上の方は国内と同様の温帯気候ですが、その下は雲霧林として常に霧がかかるような気候であり、さらにその下の海面に近い低い部分は熱帯・亜熱帯の気候と3つの気候が高度によって隣り合っています。そのような環境に海鳥の体について北海道から運ばれてきたと思われる「コダマ」と命名された昆虫が見出されました。この昆虫はこの過酷な島で生きるため、それぞれの気候と限られた食べ物に適応して5つの亜種に進化したことが調べられました。調査が進むにつれ、この島は生き物が地球上に広がった過程を再現でき、進化を解き明かすことができる非常に珍しい現場であることもわかりました。

一方、4000万年前に生じた父島列島は長年の風雨で岩山の高さが400m程と低くなりましたが、数百万年かけて進化する時間があったことや、これまで陸地とつながったことがないなどで、現在600種類以上もの固有種がこの島々で生きていることがわかったとこれら一連の結果が報道されました（NHK放送、2018）。

③　土壌が出来上がるには何百年も――――

溶岩台地などに土が出来上がるには、まず昼夜の温度差で膨張と収縮を繰り返すことが必要になります。岩石はもろくなって風化してきますが、この過程には長い時間が必要であることがわかります。また、その無機質の土に植物が生えてくると根の周りに微生物が発生し、ダニやミミズなどの小動物も生育することになります。そうであっても、豊かな土壌になるにはさらに時間がかかります。

キューバの土壌再生のところでも触れたように、土はミミズの体内を通ることで栄養分の加味された土壌になっていきます。カナダでは夏も乾燥して短いので温度がそれほど上がらず土壌微生物の活動が活発ではありませんが、プレーリードッグやジリスなどが土を耕し腐植のある肥沃な土に変えてくれているそうです（藤井、2018）。また、ササラダニは冬でも落ち葉などを分解してくれます。このような多くの生物の働きにより土壌が出来上がります。

ところで、土壌の「壌」という漢字の偏の違いによる時間的な意味合いに、土壌生成の長さを読み取ることができます。偏を言偏にしますと「譲」になり「へりくだる」という一瞬の行為を表わします。酉偏になりますと「醸」となります。お酒などの発酵は特殊なものを除き日から月の単位で完成します。また禾偏になりますと穀物が豊かにみのる「穣」という字になり、この場合には一般に月から年の単位となります。さらに、女偏になりますと「嬢」となりお嬢さんを育てるのには数十年もかかります。最後に土偏になりますと「壌」となりこれには数百年もかかると考えられ、肥沃な土壌は長い年月の賜物であることが示されています。北アメリカの例では1cmの土が作られるのに100年から500年の歳月がかかっているといわれています（土の世界編集グループ編、1998a；日本林業技術協会編、2004）。

XIII－(2). 変遷する自然、ヨーロッパにはない日本の木の文化

①　白神山地や屋久島に見る日本の原生林———

「自然とはどのような状態のこと（あるいは所）だと思いますか？」と聞いた時に、原生林を思いうかべる人がかなりいると思われます。それ以外に、高山植物のお花畑を思う人、サンゴ礁を思う人、熱帯林と答える人もいることでしょう。これらのいずれにも共通するのは「人の手が入らない状態で存在していて、その状態が持続している様子」でしょうか。

しかし、それらは今と同じ状態で以前からそこに存在していたわけでも、また、これからもそのままで存続し続けるわけでもなく、長い年月とともに変化しているはずです。ただ、その長さが我々の考える時間とは桁違いに長く異なるために、変化のない状態と思われたのではないでしょうか。

確かに、日本には、数千年もの間人の手が入らずに取り残されたような景観が広がっている白神山地の大規模なブナ林や、屋久島の照葉樹林とスギの巨木ぞろいの原生林などが存在します。1993年には両地域とも同時に日本で最初の世界自然遺産になっています。

白神山地の近辺では利用価値の高い秋田スギや青森ヒバ、ヒノキなどが手に入りやすい環境でした。一方でブナの木はあまり利用価値が高くなく、さらに辺地でもあったために放置されたままでした。これが理由となり、自然界のあるがままの姿が今に繋がっていると思われます。観光道路の工事計画も持ち上がりましたが、地元のマタギの人たちや、秋田、青森の有志の人たちによる反対運動による説得の結果、保存にこぎ着けました。世界遺産登録の直前にはヨーロッパの研究者が視察に訪れ、「これほど自然のままでブナが保存されている場所はほかにはない」と絶賛されたとのことです（白神山地世界遺産センター（環境省）など）。

また、屋久島の天然スギの自然林は、日本ではもちろん、世界にも例のないスギの原生林です。樹齢1000年を超す「屋久スギ」とも呼ばれるものもあります。屋久島は年間の雨量が8,000㎜もある花崗岩の岩の山

で、人の手が入りづらい辺地でもあります。立派に成長したスギの木は切り出され利用されましたが、建材に向かない木や、切り出しにくい場所の木々はそのままに放置されて今に至り、「縄文杉」などと呼ばれるようになったと思われます。

② 日本のその他の原生林は人工林がほとんどである―――

日本にはこれ以外に大雪山や大台ケ原などに日本古来の原生林が残されています。これらの場所以外にも多くの森林があり、国土に対する森林面積の割合が67%もあります。これは熱帯のブラジルやインドネシアなどより高い比率です。しかし、その森林のうちの80%は人工林で、植えられている木々はその土地に合った自然の植生とは異なっているものが多いといわれます(児玉、2000)。

このような人工林は手入れをすることで植生が管理され、維持されているのが一般的です。しかし、年月とともに樹木や森林の種類が少しずつ変化しますし、下草などにも変化が起こります。もしそれらの手入れを怠り、放置すると、その土地の気候や土質にあった潜在的な植生の林に変化してしまいます。また、放置してしまうと土砂崩れや洪水などの災害に結びつくことも多いために、人の手で管理、維持されてきたところがほとんどといわれています。

日本の里山をはじめ、世界中の熱帯雨林や砂漠などを撮影する写真家の今森光彦氏は「世界には手つかずの自然はほとんどない」とまで述べています。アマゾンの原生林も実はインディオが手を入れて出来上がっているし、手つかずと思われている伊勢神宮の森も人々に守られてきた森であると述べています。

③ 持続可能な森林管理をするためには―――

日本の森林の大半は人工林であったということは、それを生業とした人たちがいて、その人たちにより森林が営々と守られてきたということです。しかし、安い木材が海外から輸入されるようになり、担い手も歳を取り林業は廃れてしまいました。日本の木材の自給率は18%台にまで下がってしまったということですが、その後国から補助金が出ていることもあり現在36％にまで上昇しているとのことです。非政府組織（NGO）の森林管理協議会（FSC）の日本組織の副代表でもある速水亨氏によると、持続可能な森林管理の上では伐採後は再造林が重要とのことですが、木材の価格が安いなど経営が赤字のところがほとんどなどでそのような取り組みは進んでいないのが現状とのことです（朝日新聞、2019）。

④　世界でも最高の木の文化を持つ日本――

現在でこそ日本の森林は林業と共に衰退の一途をたどっていますが、過去には木材が持続的に育てられ、それらを維持管理する林業が機能していました。そのようにして育てられた木材を用いて、他の国では例を見ない最高の木の文化が日本にはありましたし、それは現在でも継続されているとドイツの環境歴史学者のラートカウ氏は述べています（J.Radkau著、山縣訳、2013）。

法隆寺は世界最古の大規模な木造建築物です。ひんぱんに火災が起こりましたが、その都度莫大な量の木材が使われて復元されてきました。また伊勢神宮では20年ごとに社殿を作り替える式年遷宮が今に続き、必要な木材が計画的に確保されるようになっています。その他の神社仏閣や城郭などにおいても修理されたり、建て替えられたりを繰り返しており、木材が多方面で用いられています（一部は台湾ヒノキを使用せざるを得なかったようですが）。2021年のオリンピックのためとして建てられた新国立競技場にも木材が多用されました。

このような森を再生させて木材を調達する林業を最初に発達させたのはドイツでしたが、日本もドイツと同様の持続的な森の運用や管理を行う林業が独自に行われてきたとラートカウ氏は評価しています。また、ドイツでは教育を受けた国の森林官だけが林業を担保していたのに対し、日本では森の周辺に住む農民、それも小農民によってその運用や管理が日常的に行われていたと、その違いを述べています（J.Radkau著、山縣訳、2013）。

中世から近世にかけてヨーロッパの森を大きく左右した営みは造船、

放牧および狩猟でした。この点についてもラートカウ氏は、日本では異なっていたと論評しています。つまり近世の日本では鎖国が行われていたので戦争や貿易のための大型木造船を作る必要がなく、さらに、肉食の公的な禁止のために森を切り開いて放牧する必要もなかったと述べています。その鎖国時代には日本の産業は停滞していたように見られるものの、実は極めて活気のある時代であり、文化と自然の融和が成し遂げられその後の飛躍の基礎を築いた時代でもあったと、ヨーロッパと異なる産業や文化の発展について言及しています。

第二次世界大戦後も造林が奨励されましたが、急峻な山がちの地形ゆえに木の伐採や運び出しが困難となり、安い木材を輸入するようになって日本の森は荒れ果ててしまったといわれます。しかし、その後東南アジアでは日本への原木丸太の輸出を禁止したり、価格が上がったりしています。この傾向が今後も続けば、それを契機に日本の森の新たな再評価が起こるかもしれないといわれています(J.Radkau著、山縣訳、2013)。

XIII－(3). 自然の維持にも人の手が

① 東北大学植物園での観察———

自然はもとからそこにあったのではなく、人が作ってきたものであるといわれます。それを裏付けるような例を挙げてみたいと思います。東北大学植物園は伊達政宗の仙台城の「御裏林」を引き継いでいます。その当時から400年間人が立ち入ることは出来なかった場所です。明治になって国有地として陸軍の第二師団が管理し、その後はアメリカの進駐軍の所轄となったため、やはり一般の人の立ち入りは制限されてきました。その地を東北大学が引き継ぎ植物園としましたので、園内にはモミなどの巨木がいたるところに生息していましたし、今もそれらはそのまま残されています。

東北大学に移管された直後の1964年、園内49ヘクタールに生育する幹の直径10cm以上の全樹木の調査が行われました。その結果、園内に生えている木の本数のトップがアカマツで2,900本あまりが存在していました。次いでモミが2,400本あまり、続いてスギが1,000本あまりと、いわゆる有用木材が上位を占めていました。またその他の樹木も含めて、総計で66種類9,518本が調査され、登録されました。

それ以降、東北大学は園内の樹木、植生には手を加えず、自然の成り行きにまかせた状態を維持し続ける方針で研究を進め、維持管理してきています。

その総調査から35年たった2000年に再度同じ調査が行われました。その結果、まず樹木の総計が94種と1.4倍に増え、本数も2万4378本と2.6倍以上に激増していました（表-6）。さらに樹種を見るとそれまで6位で348本しかなかったコナラが5,000本以上と実に15倍近くに増えてトップになり、5位だったアカシデも4.5倍にも増えて1つ順位を上げて4位となっていることがわかりました。

表-6　東北大学植物園の樹木の経年変化

1964年			2000年		
順位	樹木名	本数	順位	樹木名	本数
1	アカマツ	2,903	1	コナラ	5,155
2	モミ	2,417	2	アカマツ	3,109
3	スギ	1,022	3	モミ	2,454
4	クリ	726	4	アカシデ	1,985
5	アカシデ	445	5	スギ	1,797
6	コナラ	348	6	カスミザクラ	1,792
7	カスミザクラ	195	7	ウリハダカエデ	1,016
8	イヌブナ	126	8	イヌブナ	670
9	イイギリ	109	9	アオハダ	575
10	ウリハダカエデ	91	10	アカガシ	454
			10	コシアブラ	454
全66種総本数		9,518	全94種総本数		24,378

出典；鈴木三男，『東北大学青葉工学会報』，52，27（2008）

いわゆる有用木材であるアカマツやモミは、本数はほとんど変化していません。3位だったスギは5位に下がり、本数は1.7倍と増えているものの有用木材全体としては大きな変化はありませんでした（鈴木、2008）。

一方、本数が激増したコナラやアカシデはいわゆる雑木であり、古来一般的に薪炭材や製炭材として使用されてきました。他にシイタケの

“ほだ木”としても利用されてきました。また、得られるドングリは当時食料としても利用されました。

人の手が入らずに400年続いた“原生林”の樹木の総数と種類が、東北大学に移管されて“手を加えずに経過”したといわれるたった35年間で激変したことが数字として示されました。この変化の理由は何でしょうか？

「人の手が入らない」といわれていますが、実際はそうではないことがわかります。藩有地であっても国有地であっても入会権などの取り決めのもと、村民が森林に入っていたと思われます。薪炭用や焚き付け用として山林の間伐材を調達し、堆肥用の落葉や下草などを集め、山菜やキノコ、さらにカゴを編むためのつるなどを取り、また、“ほだ木”の原木などを調達するなどして、結果として手入れをしていた(されていた)と思われます。昔話では「おじいさんは山へ柴刈に」と出てきますが、柴を刈って上手に森林の風通しや日当たりを良くして森を大事に守ってきたことが伺えます。また藩にとって必要な有用木材は必要量を見越し、長期計画のもとで、これもまた大事に管理・維持されて確保されてきたことも伺えます。

ところが東北大学に移管後は文字通り手を加えずに(別の手は加わっていたのでしょうが)、自然のままの状態を維持する方針で管理研究されたために、森林があるがままの状態(部外者としては森として荒れた状態のようにも思われるのですが？)となりました。その変化が、たった35年で現れたと考えられます。自然の力はすごいといわざるを得ません。

② 里山の維持———

里山はそこに住む人たちによって日々手を入れることで維持されてきました。しかし、高齢化などで住民が里を離れ、民家が空き家になり、田んぼの管理ができなくなって休耕田となるなどして、それまで維持管理してきた手を抜くと、その地はあっという間に荒れてしまいます。つまり、その土地のあるべき姿に、あるいは以前あった姿に変わっていくのです。このような変化を「潜在植生に遷移する」などと呼ばれています。

また、里山に続く雑木林の下草刈や木々の枝払い、さらに落葉の持ち出し等の手入れがなくなってしまうと、竹が繁殖して建物の土台を持ち上げてしまうようになります。このようになるとクマやイノシシ、さらにサルやシカなどが山や雑木林から里に出没してくるようになり、もはや雑木林や里山ではなくなってしまうといわれています（大石、2001）。

のどかな里山の風景は自然にできたわけではなく、人の手が入ることによりはじめて里山となるのであり、やはりこのような自然は人の手で守られたものであることがよく理解されます。

よく「環境にやさしく」「地球にやさしく」などという言葉が使われますが、それは何もしないで放置するということではないことを理解すべきでありましょう。

③　明治神宮の森や六甲山の森林――――

東京の明治神宮の森になっている場所は、100年前の大正時代は陸軍の訓練を行う練兵場であり、荒地でした。そこに神社にふさわしい森を造成しようという計画が林学などの専門家によって立てられ、日本全国各県から約10万本の樹木が計画的に集められ、数十年後の姿を科学的にイメージして人工的に植林されました。

計画時に描かれた「林相予想図」が残されており、そこには植林の当初（直後）、植林してから50年後、100年後、さらに150年後と4段階で森の姿の予想図が残されています。明治神宮が100年を迎えるのを記念して日本を代表する植物や動物の研究者らが明治神宮に集結し、2011年から2012年にかけて境内総合調査が行われました。その結果、東京農大の浜野周泰教授らは「実際100年たった今、50年早く150年後と想定された森林になりました」と述べています。もちろん木々は自然の遷移を繰り返しており、当初多かった針葉樹は減り、落葉広葉樹に移り、さらに常緑広葉樹が増えてきました。細い幹の木が減り、太く成長した種類の木が生育してきて森は大きく成長していると調査の結果が報告されています（朝日新聞、2015）。

この森は一般の人の立ち入りを制限して維持管理されてきました。そのお陰とも思われますが、今や日本の野山の自然林と同様かそれ以上に多様な生物が生息する多彩な生態系が出来上がり、豊かな生命体の楽園となっているといわれています。

100年間、毎年毎年の落ち葉も全て園内で堆肥にされ、資源が循環されて土に入るようにしていたそうです。イギリスのキューガーデンでも園内の落ち葉は全て堆肥にして利用しているという話を日本人のスタッフから学会出席の時に聞いたことを思い出します。

今や立派に育って森の代表のように思われる明治神宮の森も、もし一般の人が制限なしに自由に立ち入っていたらここまで成長しなかったでしょう。やはり人によって整備され維持されてきた森と思われます。

神戸の六甲山の森林も、花崗岩が風化して白砂の山肌を表していた山肌に、神戸の水源林となるようにと考えて明治34年から植林されたものだそうです。阪神淡路大震災のときもこの部分は大きくは崩れなかったといわれます（原、2009a）。

④　自然林の生態系と、単一層の森の生態系との相違―――

日本には有用木としてスギやヒノキだけを植林した単相林が多く存在します。そのような単相の森10ha当たりに生存する野鳥の数は12羽で、森を流れる川に棲息する魚の数も少ないと報告されています。それに比して樹木の種類が4種類と多い森になると同じ面積の10ha当たりの野鳥の数は80羽となるといわれます。植物の多様性を増やせば、鳥の種類(多様性)も増えることがわかります。日本の原生林は少なくなってきていますが、植林をするにしても、自然植生のものでない場合やその土地の生態系と調和していない植林の場合は、結局は破壊へとつながってしまうといわれています（日本生態系協会編、1999a）。

森林を育てるために間伐をする必要があると既にIX－(2)項で述べましたが、それは森の生態系を守るためにも必要で、間伐を怠ると山崩れが起きやすくなるともいわれます。間伐を行うことで生物多様性が増え、野鳥などが運んでくるドングリの実などの落葉樹の種などが発芽し、下草なども生えて針葉樹の森であっても上の③項のように落葉樹との混交林に遷移するようになります。

最近多くなった集中豪雨などによる土砂災害で崩壊している森林は、スギかヒノキの単相林が多いように見受けられるといわれます。落葉樹は根を横に長く伸ばしますが、針葉樹は根をその半分ほどしか伸ばさないそうです。そのため、針葉樹の山の斜面では容易に土砂が流れてしまいますが、落葉樹の林になるか混交林に遷移することで地盤が強固になり、崩壊までにはならないといわれます（松永、2010）。

【コラム12.　自然を、さらに生態系をそのままに模倣することの難しさ】

バイオスフェアⅡにおいて、熱帯雨林に見立てた場所に前もって準備された樹木が枯れてしまったということです。移植前にはそれらの樹木が生えていたところの環境に合わせて土壌微生物などの環境もそのままに移植しました。その上熱帯の気候に合わせて定期的にスコールを降らせたりして自然に似せて管理してきたはずであったにもかかわらずです。

しかし、元々その樹木が生育していた熱帯では、荒れ狂う強風が時々吹き荒れます。しかしスフェア内ではスコールの発生などの自然現象まではプログラムされましたが、時々荒れ狂う嵐まではプログラムされておらず、荒天時に似せた強風が吹かなかったのが理由と考えられました。植物はそのような強風が吹かなければ、それに備える必要がなく、倒れる心配をしなくとも良いので、自らを支える強固な根張りをする必要がないとして、その対策を怠るらしいのです。根が移植前の熱帯に植わっていた時の状態まで十分に育たず、貧弱になってしまい、樹木の躯体を支えきれなくなって枯れてしまったということのようです。

我々の知識や意識では極限的な過酷な環境と思われるようなところに生活している生き物も、そこで生きる十分な、あるいはギリギリの準備や備えの元に生活していることがよくわかります。それなくしてはその環境では生きられないのが自然の姿のように思われます。

自然をそのままに模倣することの難しさが示されている例と思われます。

XIII－(4). 稲田に映える日本の原風景

屋久島の縄文スギも白神山地のブナの木も何千年もの間過酷な自然に抗いながら生き続けていますが、毎年毎年同じ景観を1000年も2000年も繰り返しているものに稲作があります。もちろんこちらは人の手が入った状態ではありますが、ほとんど同じ状態で長年繰り返されてきたことになります。

森林や湿原からの豊かな水、豊富な栄養を含んだ土壌、生物の多様性に富んだ自然によって作り出されている日本の稲田は、春の早苗から始まり夏の青田、秋の黄金色に輝く実りへと毎年繰り返されてきました。日本の気候に合ったお米(コメ)は他の穀物に比べて栄養価が高く、人口扶養力が高く、その上、毎年連作して収穫できたことから、日本をはじめアジアの国々の人口を支える原動力となってきました。

食品としての栄養に対して、その食品のタンパク質の評価方法としてアミノ酸スコアという値があります。その食品のタンパク質に含まれている必須アミノ酸の1日に必要な基準値に対しての割合で、栄養を評価する指標となっています。コメのスコアはリジンが不足するために100に対して65であって、あまり高くありません。しかし世界の三大穀物である他のコムギやトウモロコシはそれぞれ44と31でしかなく、コメが優れていることがよくわかります。さらに、日本では昔からお米を食べるときには一般に味噌汁が付き物だったでしょうし、時代にもよりますが動物性たんぱく質としてメザシなどの魚がおかずとして添えられることもありました。大豆にはリジンが多いので、お米との組み合わせで食事を摂るとアミノ酸バランスとしては完全な値、100となり、その上、魚の上質なタンパク質が加わることになります。これらの生活スタイルをとることで、コメ単独のアミノ酸スコアは低くとも、栄養バランスの良い食事になることがわかります。

昔から「1升飯を食(くら)う」という言葉があります。これだけで1日のタンパク質としては十分であり、生きていくことができます。また、コメはかめばかむほど甘みが感じられ、塩だけあれば、何もおかずがなくても何膳も食べられるという特異な食べ物でもあります。コメさえあれば生を繋ぐことができたことで、コメを中心とした社会が出来上がりました。平安時代の荘園の頃から始まり、戦国時代も為政者は年貢としてコメを農民から取り立ててきました。

しかし、その生産の方法も自然環境も変わっていないのに、生産者と為政者との間の力関係により、コメ生産の面積の単位が時代とともに変化してきました。

XIII－(5). 米１石が収穫される１反の面積

①　１反の田んぼから１石のコメが生産———

1人の人間が1年間生活できるだけのコメの量として、尺貫法でいうところの「1石」という体積の単位があります。1石のコメが収穫される田んぼ（土地）の面積として東南アジアに共通の「反」という単位があります。

封建領主は自分の領土内の農民に課税する根拠とするべく、独自に検地を行いました。その根拠は同じ面積の土地からは毎年ほぼ同じ量のコメが生産されることが前提となっていたからです。立地条件が悪く収穫が少なそうな土地に対してはこの規格より広い面積をもってその土地の「反」とするなど、「反」と「石」は密接な関係にあったことがわかっています。

実際、日本を含めアジアの水田はほとんど肥料も用いずに、また、連作障害も起こさずに1000年以上も稲がつくられ、今の単位で10a（約1反）当たり100～150kgものほぼ一定のコメの収穫が持続されていたそうです（久馬、2005）。

戦国時代になると武士の給料は禄高といわれ「石」で示されてきました。お金の単位の1両も1石のコメが買える金額であったといわれるほど、米が中心の社会が形成されていたことになります。

②　１反の土地の面積の変遷———

1石の米を1年の旧暦（太陰暦）の日数360で割った分量が、1日に必要なコメの量となります。この1日当たりのコメが収穫される土地の面積（「反」の1/360）として日本固有の「坪」という単位があり、他国では「歩」が用いられました。

歩という単位は古代中国に端を発しており、長さと面積の両方に使用されてきたものです。日本においては、長さとしての1歩は6.5尺であった時から6.0尺を示すように変わってきましたし、面積としてはその時代の歩の長さの二乗の面積を表しており、坪と同等となります。したがって1反は360坪でありました。

この1反360坪（歩）から1石のコメがとれていたはずですが、古い時代にはその通りの収穫がなかったように見受けられます。反の面積の定義が時代によって変わったのがその理由です。確かに古くは6.5尺四方が1歩で、その360倍が1反となっていましたが、租税をより多く徴収するために反の面積は狭く定義するようになっていきます。

また、尺貫法を今のメートル法に換算するときに、基準となった「尺」の長さも長らく1尺は29.6㎝が使用されていたと読み取れるのですが、伊能忠敬が測量を行ったころから30.3㎝が使用されるように変化しました。

③　現在の1反の面積の広さ———

現在の1反は991.74（≒992）m^2となります。メートル法の面積の単位である10a（1,000 m^2）にほぼ等しく、誤差は0.8％でしかないので便宜的に1反≒10 aが使用されています。

実際、1959年に尺貫法からメートル法に移行後もコメの収穫量は相変わらず反収（たんしゅう）で表わされていますし、水田の面積を述べるのに何反歩などと古い単位がいまだに便宜的に使用されています。これは10a当たりの米の収穫量と同じ意味を持つことになり、比較も容易であり、わかりやすく、なじみがあるからと思われます。

ちなみにヘクタール（ha）という単位も使用されています。1haは100aのことであり、尺貫法での10反にほぼ相当し、1町歩の面積に相当しています（簗瀬、2007）。

④　太閤検地―――

古くからそれぞれの土地でばらばらの検地が行われていましたが、租税制度を確立するため全国統一的な基準のもとに初めて行われたのが「太閤検地」でした。これには1反の面積を狭くして増税する意図も同時に含まれていたようです。

面積が狭まってもその後の稲作技術の進歩もあり、江戸時代にはその当時の1反から1石のコメがとれていたようで、30石扶持などという言葉が用いられました。これは家族や家来30人を1年間養える給金という意味合いで定着していました。

⑤　なぜ検地を通して面積にそれ程こだわったのか、
　　各国の農用地面積―――

為政者にとっては、領地から年貢を取り立てるために面積を把握するのは必要だったことでしょう。しかし、なぜ長さなどの単位まで変えて面積を調べる必要があったのでしょうか？　それは日本の平野、農用地が狭く、限られていたからに他なりません。その当時の面積の比較ではありませんが、農林水産省や総務省によるデータによれば、先進国の現在の国民1人当たりの農用地面積を比較しますと、アメリカの農用地が広いのはわかるとして、フランスでは50.7a（国土面積は5,515万ha、うち農用地面積は2,990万ha）であります。イギリスでは28.9 a（国土面積は2,429万ha、うち農用地面積は1,722万ha）、さらにドイツでは20.7a（国土面積は3,570万ha、うち農用地面積は1,710万ha）であるのに対し、日本は3.8a（国土面積は3,779万ha、うち農用地面積は487万ha）です。国土面積はドイツやイギリスよりも広いにもかかわらず平野、農地は圧倒的に狭いことがわかります。ちなみにアメリカは149.1 a（国土面積は9億6,291万ha、うち農用地面積は4億1,825万ha）と比較にならない広さとのことです（橋本、2004）。

このデータを見てもわかるように、日本では古くから隠れ新田を開いたり、山までをも苦労して棚田として開拓したりして増産に努める必要があったことが理解されます。

⑥　コメが主流となった理由、水田の大きな役割――

世界の三大穀物のうち、日本においては古くからイネが栽培されてきたことを述べてきました。その理由として、田植えのころに梅雨があるモンスーン気候であり、雨が多く降って水が確保され、成長期に高温の夏があるなど気候的に稲作に適していたことがまず挙げられます。また、お米が比較的長期に安定的に保存ができたこと、その上、食味も良くそのまま加工せずに粒状のままで食べることができ、紛にするなどの手間を要しないなどの特徴があったことも大きな理由と思われます。従って、江戸時代には政治経済の中心に置かれており、租税としての役割をも担っていたことになります。

従って江戸時代の各藩では灌漑や排水などの技術を競って新田開発に力を注ぎ、コメを中心とする社会が出来上がりました。

その圃場となる田んぼは水がめでもあり、地下水の涵養にも役立っています。さらに多くの生物の住みかともなる豊かな多様性のある自然の景観ができたことはすでに述べたとおりです。

⑦　日本の稲作技術を発展途上国へも普及できるか――

日本の有名ブランド米などをはじめ先進国で開発された高単収品種は、その土地に合うように長年の試行錯誤の研究の結果生まれたものです。従って、それらをそのまま発展途上国に持って行ってもその性能通りになりにくいことが多く、途上国の気候や環境でも育つ「耐肥性」や「耐病性」などの品種の開発も行う必要があり、地道な研究を行わなければなりません。

1955年以前のイネの品種は窒素肥料を多く使うと収穫量が減少するようなものが多かったのですが、それ以降の品種は窒素肥料を多く使っても多収になる化学肥料向きの品種が開発され、競って植えられているとのことです（西尾・西尾、2005）。

このような農業に関する研究は、結果を得るには1年を要するのが一般的であり、長い年月をかけた地道な努力が必要ですが、人口が増えている途上国ではまず増産を図る努力が優先課題かと思われます。

XIII－(6). 時代、環境に合わせた自然の保護に関して

①　一人あたりのエネルギー消費の変遷―――

100万年前の原始人の生活から現代までの長い歴史の中で我々の生活様式に合わせて使用するエネルギーも変化してきました。佐々木隆氏は1人あたりの1日のエネルギーの消費量の変化を時代に沿って項目別に調べました。その結果が表-7のようにまとめられています（田中、菊池編、佐々木著、1992)。それぞれの時代において、新たな消費形態が生まれる度に、それまでなかった分野の新たなエネルギー消費が発生してトータルのエネルギー消費が飛躍的に増加しています。

表-7　1人1日あたりのエネルギーの消費量

（単位：万 kcal）

時代	文明段階	食糧	家庭	農工業	輸送	総計
100万年前	原始人	0.2				0.2
10万年前	狩猟人	0.3	0.2			0.5
5000 BC	初期農民	0.4	0.4	0.4		1.2
1400 AD	農耕民	0.6	1.2	0.7	0.1	2.6
1875	産業人	0.7	3.2	2.4	1.4	7.7
1970	現代人	1.0	6.6	9.1	6.3	23.0

出典；田中正敏，菊池安行編，佐々木隆，『近未来の人間事典』，p.622，（1992年）

さらに、それらが新たに加わった消費形態においても、時代が進むにつれて、また技術の進展や改良がなされるにつれて、著しい勢いで消費量も増加していることがわかります。食糧（主として主食の食料を表すときに用いられる）に関しては原始人に比して5倍の増加でしかありませんが、家庭部門では狩猟時代と比べて33倍に増えています。最近の生活における快適性を求めるためのエネルギー使用に伴って増加したと思われると述べられています。

輸送に関しては1400年頃に比して時代が進むにつれて63倍にも増加しています。これらをすべて合わせて100万年前の原始人と比較すると115倍ものエネルギーを消費していることになります。

また、この表の値はいわゆる平均値であり、地球1個分以上の生活を

送っている国や人々がいることも考慮する必要があるでしょう。

ヒトは石油換算にして1日、たったコップ2杯分くらいのカロリーで生活できる非常に効率の良い省エネルギーな機関（装置）であります（左右田編著、2001）。このような生活を送ると代謝によって熱が発生し1人約120 W（ワット）の発熱体とも考えられます（勝木、1999）。しかし、人口が増えれば如何に省エネルギーな機関といえども、それを賄うためのカロリー(エネルギー)が必要となります。結果として人口全体としての発熱量も増大し、環境に関連する問題も発生することは容易に理解されます。

人口問題はグローバルに検討しなければならない問題でしょうが、議論を俟たずして、人口が都市に集まり、都市が形成されるとともに、逆に里山が無くなり、人手がなくて森林が荒れてきてもいます。

② 自然保護とは――

これまで見てきたように自然は移り変わるものであり、その維持には人の手が必要です。さらに、手を抜くとその土地、そこの気候に合った本来あるべき姿に遷移するとも述べてきました。

どちらをもって自然の状態と考えたらよいのでしょうか？　その自然の保護に関しては日本では、視覚的な緑の美しさや快適さに中心が置かれた景観の保護が主となっていて、自然を保全することに政策の重点が置かれています。それに反して自然保護に力を入れているドイツでは、緑や自然の質を問い、生態系を守る保全が自然保護であり、景観の保護とは別物と捉えられているようです。

「緑」も自然の構成要素ではありますが、日本も景観だけではなく生態系を含めての保護を推し進めたいものと述べられています（日本生態系協会編、1999b）。

③ 環境に対する意識の変遷、自然に従って服従する――

「自然環境を守る」「自然を保護する」などの言葉が日常的に使われますが、これらの言葉の意味は生態系をトータルで保護することと思われます。これまでⅦ－(6)項で述べたプライシング（金銭価値評価）の考え方に合致するものでもあると思われます。

人々の環境に対する意識も時代とともに変わってきているのがわかります。大規模な開発などを含めて自然を征服していこうという意識から、自然に従い、それを利用しようという方向に次第に変化しているように思われます。

それらの転換点には公害問題や農薬の被害などの種々の環境関連の問題があったと思われます。さらに1992年にリオデジャネイロで開かれた地球サミットが、それまでの自然を利用するという考え方から自然に従い服従した生活を望む方向へと変わる契機にもなったように思われます。

また、世界人口の急速な増加も大きな問題として今後の方向性を規制することになるでしょう。その問題は食料、エネルギーなどとも結びついた困難な問題でもあるといわれています（海野、2002）。1998年以降2008年までのそれに続く調査結果もほとんど同様であり、自然に服従する意見が半数を超えており、ますますその傾向は強くなっていると報道されました（朝日新聞、2009）。

ギリシャの生物学者エリザベット・サトウリスは「自然そのもの以上に偉大な教師はいない」と述べています（日刊工業新聞、2002）。自然から学び経験を蓄積したいものです。

XIV．エネルギーの源は

2000年も続く日本の稲作は、まさしく我々が生きるためのエネルギーを獲得する営みです。その営みが継続された理由は、それに適した気候であり、できたお米の保存性が良いことなどであると述べました。その活動を可能としてくれたのは太陽のエネルギーです。もとをたどれば、今でもほとんどすべてのエネルギーの源は太陽と思われます。

XIV−(1)．太陽のエネルギーがすべて

我々は現在、主として化石エネルギーに依存して生活しています。そ

のエネルギーももとをたどれば過去に地球に降り注いだ太陽のエネルギーによって生成されたものであり、その太陽エネルギーの缶詰を利用していると考えられます。

地球は太陽のエネルギーをどれくらい受けているのでしょうか。II－(2)項でも述べましたがそれを年間にすると地球上で$3{,}000 \times 10^{24}$ J（ジュール）のエネルギーを得ていることになります。しかしこのうち1年間に光合成で固定されるエネルギー量は地表や海面に達するその太陽エネルギーの0.1%であり、そのうち食料として利用されるものはさらにその内のたったの0.5%でしかないと見積もられています（堂免、1999）。

現在世界で消費しているエネルギーは年間0.29×10^{24} Jですので、エネルギーから見る限りはこの太陽のエネルギーですべてまかなえる値であると見積もられます。いわゆるバイオマスとしてかなりのエネルギーが蓄えられていると考えられますが、この潜在的なエネルギーの利用はかなり厄介です。この資源は広く薄く地上に存在するものなので、実際に利用するにはそれらを集めるのに多大な労力（エネルギー）が必要となる他に、それらを分解処理して利用可能な状態にするにも多くの解決すべき問題が内包されています。

このようにまだ利用されていないバイオマスの有効活用は、現時点では簡単ではありません。そこで家畜の飼料などとして生産されていて、我々が簡単に手に入れることができるトウモロコシやサトウキビを使ってアルコールに発酵してエネルギーにする産業がすでに動き出しています。

ブラジルでは石油危機に直面した1970年代から、特産のサトウキビから得られる砂糖を発酵してアルコールにし、ガソリンに一部混合するか、アルコールそのものを使用する自動車が稼働しています。2010年にはほぼ60%の車が25%アルコールを混合した「ガソホール」という燃料で動いているそうです。アメリカでもトウモロコシのでんぷんをアルコール発酵してエタノールを生成し、それを10%混合したガソホールが一般に普及しています。

結果としてアルコール発酵に利用される一部の食料の価格が高騰し、

他の穀物生産からトウモロコシの生産へ転作したりする動きも起こっています。そのために食料が品不足になるなど、発展途上国や食料輸入国などに影響が出始めています。今後さらに技術の開発を行って太陽のエネルギーを利用可能に持っていきたいものです。

また、現在Ⅴ－(1) 項で見たように一部実施されている地熱エネルギーや核エネルギーなどは太陽エネルギー由来のものではありませんが、利用には多くの制約や制限があります。太陽光発電や風力発電などの自然エネルギーをもっと活用し、将来は現在すでに研究が進められている遺伝子資源を利用するなどの変革に期待したいと思います。

XIV－(2). 二酸化炭素のリサイクル

①　植物の光合成反応———

廃棄物とも見なされる二酸化炭素は地球温暖化の元凶ともいわれます。しかし、既に述べたように植物やある種の微生物（緑色硫黄細菌や紅色非硫黄細菌）が行う巧妙な光合成によりリサイクルされて植物や微生物に固定されます。

この反応は還元反応であり、植物は光と水があればこの反応を行うことは可能ですが、葉緑素を持つ植物が生育することが前提です。そのためには植物が育つための土壌の存在が不可欠です。さらに、そこに植物が必要とする窒素、リン酸、カリウムの三大栄養素(肥料)の他に微量元素もなくてはなりません。微量元素としてはカルシウム、マグネシウム、マンガンなどが必要ですが、そのうちのニッケルは2005年になってはじめて必須元素に登録されたばかりです。それ以外に、炭素、酸素、水素なども加わって全部で17元素が不可欠であることがわかっています（根本、2010)。

②　水耕栽培（植物工場)、土がなくとも植物は育ちますが…———

植物が育つには17元素が必須であり、これらの元素さえ供給されれば土がなくとも植物は育つことになります。実際、1985年につくばで開催された科学万博で、期間中の半年間に水耕栽培でトマトの１株から合計1万3,000個もの実を収穫した実績が残っています。現在は日本、オランダ、アメリカなどで液肥を根部に循環させ、ほぼ1年にわたってトマトを収穫し続ける、土から離れた栽培システムが稼働しています。

また、最近では都市部のビルディングの地階などを利用した植物工場と呼ばれる清涼野菜などを栽培する施設が増えています。その結果、雇用が増え、季節外れの野菜などが手に入ると喜ばれています。そこでは養分から光や温度などの環境をすべて管理し、受粉のための昆虫までも持ち込むなど都市部での生産方式として発展しつつあります。

確かに土がなくとも作物は育ちそうですし、露地栽培と比較すると天候の変化や病害虫の被害を免れ、清浄な作物が得られるなど利点もあると思われます。しかし、建物や設備にコストがかかる点や、作付面積も限られるなどの問題もあります。さらに場合によっては旬の露地作物に比して栄養価が同等ではないなどの指摘もあります。一方で、逆に生育方法によっては栄養価が高まったり、特殊な養分を増やしたりすることも可能であると述べられています。

アメリカのアリゾナ州で見学した施設では、高さ十数mにもなるトマトの茎が10cmほどの厚みのマットに植えられ、片側100mにもなる温室に植えられていました(写真-3)。その根が納まっているマットには、必須元素が過不足なく、バランスが整えられて送液されており、戻ってきた溶液は紫外線などで殺菌され、元素分析が行われ、不足分が加えられて送液されて循環していました。夕方には溶液を抜いて水ストレスを与えるなどのプログラムが組まれていました。

写真-3 アリゾナ州のユーロフレッシュ社の水耕栽培

しかし、このシステムでは10か月後には株元が木質化するうえに根詰まりを起こしてしまいます。そうなりますと収穫ができず、栄養液が循環しているマットに密に張った根をはじめ株、茎ごと廃棄せざるを得なくなります。施設の外にそれらがごみとして山積みになっているのを見ました。トマトの株のすべてが10か月のサイクルで廃棄されてしまっていました。高効率な工業的生産方式ではありますが、養分供給の再生産の考え方はそこにはなく、これまで述べてきた炭素分の供給も不問とされるなど、持続可能ではないことがわかります。

このように、土がなくても植物は育ちます。しかしそれは本来土壌から吸収する栄養素を人の手で植物の根に供給し、温度や光の管理などを正確に制御する必要があります。その補給や管理をおこたれば、生育は低下または停止してしまいます。すでにアメリカの農業で見たような土壌の荒廃と同様の現象と思われます。菌根菌などの微生物の働きも不問としており、生態系からはかけ離れたやり方とも思われます。

一般の農業生産においてはそのような特別な施設もなく、コストや人手のかかる栄養液の調整や殺菌もなしに生産されています。それは土壌があって、そこに存在する多くの微生物や他の土壌生物の働きがあるから可能になっているのであり、それらが関与する多様性のある生態系により作り出される持続可能な循環の結果によるものです。結局は地球におけるエネルギーの生産者である植物が作る光合成産物のリサイクルによって自然が形成され、維持されているのです。

地球全体で光合成により固定されている炭素の量は、見積もり方により差はあるものの年間およそ1,000億tとも2,000億tともいわれます。仮に1,000億tとすると二酸化炭素換算で3,700億tになり、これは大気中に含まれる二酸化炭素の1/7にも相当する値になると見積もられます（杉原、2000）。

光合成は、光エネルギーを生物が利用できる自由エネルギーに変換する過程とも考えられ、ヒトを含め、地球上のほとんどすべての生物はその活動のエネルギーを光合成に依存していることになります。

③　二酸化炭素濃度を高めると農作物増産につながる———

植物工場などのハウス内は、二酸化炭素の濃度を空気中の3倍から5倍に高めています。二酸化炭素の濃度が上がると光合成能が促進され、作物の増産に結び付くからです。

例えばナスの生育に対して二酸化炭素の濃度を大気中の3倍（900ppm）にすると、1株当たり平均で葉の数は1.2倍に、また葉の表面積も増加し果実の数は2.3倍に、さらに、果実の新鮮重量も2.0倍に増えます。また濃度を10倍（3,000ppm）にすると葉の数も表面積もさらに増え、果実の数は3.3倍に、実の新鮮重量も3.1倍に増えた結果が報告されています（高橋、1997a）。

実際、メロンやトマト、キュウリなどのハウス栽培の普及とともに、二酸化炭素のボンベや灯油ボイラーの排ガスを用いたりして二酸化炭素をハウス内に放出して濃度を高め、増産を図っています（高橋、2009）。このことは「炭酸施肥」といわれています。

草本類を対象にハウス内の二酸化炭素の濃度をほぼ倍にした時の収量の変化をみた栽培試験は5,000例もあり、おおよそ30%以上の収量増加があるといわれます。先に述べたナス栽培への増産効果の結果と異なるように思われますが、この生育量増加効果は生育温度が10℃ではあまり効果が顕れないという結果も出ており、栽培地によっては減収する結果も起こりうるとも報告されています。しかし、38℃では生育量がほぼ2倍になったといわれますので、それらの結果の違いは実験時の条件、とりわけ温度の相違による結果ではないかと思われます。

この効果は草本類だけでなく樹木も、また水中の植物プランクトンや藻類も大気に二酸化炭素の濃度が高いほど生育が早いとのことです（渡辺、2018）。

④　ハウス栽培作物と路地栽培における旬の作物との比較———

ハウス栽培は露地栽培と植物工場の中間に位置するような栽培で、日常的に我々の食生活を満たしてくれます。旬の時期とは異なる季節に目的の野菜などが手に入るので重宝ですが、コストがどの程度かかっているのか心配になります。

作物によっても異なるでしょうし、同じ作物に対しても条件が異なるので計算の仕方は色々あるかと思われますが、年中食卓に上がるキュウリについて夏秋の露地ものと、冬春のハウスで栽培されたものとの生産にかかるエネルギーを比較してみました。キュウリ1kgを生産するために要するエネルギーは、夏秋どりの路地ものでは996kcalであるのに対し、冬春どりのハウスものでは5,054kcalとほぼ5倍の違いがあります。路地生産の場合のエネルギーの内訳は肥料が41%、光熱動力が20%、農薬や薬剤が14%などですが、冬春のハウスの場合はハウス内を加温する光熱動力に76%もかかることがデータとして出されています（橋本、2004）。

⑤　ハウスと露地栽培での作物の栄養価の相違―――

ハウス栽培にしても露地栽培にしても、旬の時期の野菜の栄養価に関しては、変わりはありません。旬の時期にしか出回らなったものがハウス栽培のおかげで季節を問わずいつでも手に入り、食生活に普通に使用されるようになり便利になりました。文部科学省が発表している「日本食品標準成分表」に食品の栄養価がまとめられています。それまでは旬の野菜の値のみが記載されていましたが、ハウス栽培が普及してきたことで2000年の改定時には1年中の全国の平均値が記載されるようになりました。従ってそれまでの値より栄養価が低く記載されるようになったものも出てきました。ホウレンソウのビタミンCの含有量は夏と冬で大きく異なるので、これに関しては2つの季節での値が別々に記載されるようにもなりました。

⑥　ハウス栽培は塩害に注意を―――

日本は雨が多いので耕作地の塩害が問題になることは少なかったのですが、ハウス栽培が普及するにつれ塩害が発生するようになってきました。余分な塩分が雨で流されることがないので、数年に一度、ハウス内に1週間ほど水を張って塩分や有害物を洗い流す必要が出てきているといわれます。

【コラム13. 植物は移動できず、消化器官もないが食事は？】

動物は植物とは異なり移動することができます。従って、動き回って餌を探したり、餌のある所に移動したりして口に入れることができます。また、それを食した後は体に備わっている消化器官で消化し、養分を吸収します。しかし、植物は移動もできず、消化器官も持っていないのにどのようにして"食事"をするのでしょうか？

植物の根のまわり（根圏）には菌根菌と呼ばれるような微生物が存在しています。これらの微生物がこれまでみたように有機物（炭素分）を分解し、植物根が取り込みやすいように消化（異化代謝）してくれるので植物は根毛からそれらを吸収し、生きるためのエネルギーとすると共に、自分自身の体（細胞）を作りあげています。つまり、根のまわりに存在する微生物は植物にとっての"消化器官"にたとえられます（土の世界編集グループ編、1998b）。

もちろん、光合成によって自前でデンプンなどの糖質の食料の調達もしています。また、その光合成産物の10%以上を根から分泌して根圏微生物にお返しをしています。

普通、作物一作でみたとき、10a当たりの乾物量換算で300～400kgの光合成産物を作り出すといわれますが、そのうち30～40kgもの高栄養の有機物が根から土に分泌され微生物のエサになっていると計算されています（農文協編、1995）。

XIV－(3). 自然界の炭素の循環

① 二酸化炭素は年間3ギガトン増加しているようです――

図-16は「気候変動に関する政府間パネル」（IPCC）の第1次評価報告書を基にまとめられた自然界の炭素の1年間の循環量とそれぞれの場所での貯蔵量の図です（単位はGt（ギガトン））。原始大気に98%もあった二酸化炭素（II－(3) 参照）の濃度は現在0.036%であり、大気に存在するその貯蔵量の質量は2兆7,500億tになり、それは炭素元素換算で約7,500億t（750Gt）となります。この二酸化炭素はエネルギーの主たる生産者である地上の植物の光合成反応によって年間102Gtが固定され

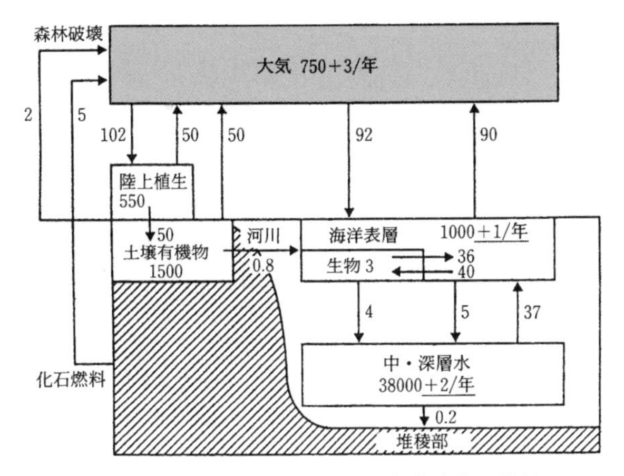

図-16　自然界の炭素の循環と貯蔵量（単位ギガトン炭素）

出典；和田英太郎，安成哲三編，半田暢彦『岩波講座，地球環境学-4，水・物質循環系の変化』，p.38，（1999 年）

ると見積もられますし、海洋表層にいる生物による光合成の固定量は年間40Gtと考えられます。しかし、この値やこの後の循環量の計算に関しては研究者によって若干の相違があり、まとめ方にも相違があります。そのことからもわかるように、この値を出すためにはあまりにもファクターが多すぎて、複雑であり、規模が大きすぎることがわかります。ここでは『岩波講座　地球環境学』で半田暢彦氏がまとめた値を基にしました（和田・安成編、半田、1999）。このようにして生産された有機物を動物が取り込んで代謝し、さらにまたその排泄物などは種々の微生物により分解されて二酸化炭素として放出されます。植物も、光合成が行えないような状態になりますと呼吸により二酸化炭素を放出することは我々動物と同じです。

生物による循環だけでなく、海洋表面における物理的な吸収や放出、さらに中・深層水への循環などもありますが、これらの循環はこれまではほぼ釣り合っていたはずです。しかし、最近はこれら以外に森林破壊による2Gtの放出や化石燃料の使用などによる5Gtの人間の活動による放出によって大気の濃度は増加しているといわれます。結局現在のところすべてをひっくるめて考えると、図中にあるように大気への出入りの数字を足し合わせて算出すると差し引き3Gtの炭素が年々増加して大気中に残留していると見積もられています。

② 花の成分をリサイクルするツユクサやエアプランツ———

朝日新聞に連載されていました湯浅浩史氏による「花おりおり」によりますと、ツユクサは早朝露の付く時間帯に開花し、お昼には花弁の中がどろどろに溶けてその成分が吸収され、次の花に再利用されるリサイクルの花とのことです（朝日新聞、2001）。

ツユクサは、名前のように露のように色あせていくはかない花の象徴として親しまれており、鮮やかな花の色は分解しやすいので友禅染の下絵にも利用されてきたとのことです。しかし、自分自身の炭素分を含めての構成成分を再利用する特殊な機能を持っている花であることを再認識しました。

エアプランツの一種イオナンタという種も3章のⅧ－(4)で述べたように、樹木の上で生育していますので、土壌や樹木から養分を得ることができません。大きな木の上なので栄養が乏しく花を一生に一度しか咲かせることができません。そこで、咲き終わると子株にすべての栄養を与えて花は消えていくというリサイクルの植物でもあります。

ⅩⅣ－(4). 光合成に必要な水の役割

① 植物の光合成における水の3つの役割———

植物の生育に水が必要なことは誰でも理解できますが、何のために必要なのかはあまり知られていません。根から吸い上げられた水は植物にとって以下の3つの役割を担っています。

まず第1に葉緑体の中で太陽光のエネルギーによって水分子は、電子と酸素に分解されます。このようにして生成した電子はいくつかの複雑な電子伝達系を介して酸化型補酵素NADPを還元型の補酵素（NADPH）に変換します。この反応は光合成の明反応と呼ばれていて、光エネルギーを化学エネルギーへ転化する反応です。この反応により

ATPという生体が利用できるエネルギー通貨と呼ばれているアデノシン三リン酸も生じます。これが水の第1の役割で還元剤としての役割をはたしていると考えられます。

次に、この明反応で生じたATPのエネルギーや補酵素NADPHを用いて還元的ペントースリン酸回路により二酸化炭素が固定されます。この過程において別の水分子が二酸化炭素と反応して糖類(デンプン)が生じます。これが水の第2の役割であり、糖合成の原料となります。この反応は太陽光を必要としないので光合成の暗反応と呼ばれています。

これらの反応を行う葉緑体はデンプン製造工場とみなされ、この工場から廃棄されるものが2つあります。1つは酸素であり、もう1つは大量に発生する反応熱です。そのままではこの熱で植物は枯れてしまいます。それを防ぐため、葉の表面から水を蒸散して葉を冷却する必要があり、この冷媒としての役割が水の第3の役割となります。これに利用される水の量は膨大です。地上への1年間の降水量は106兆t（Tt、テラトン）と推定されていますが、そのうちの38Ttが植物の葉から蒸発して大気に戻ると見積もられています。この量は植物本体の有機物をつくるために必要な水の量の850倍ともいわれていますが、次に述べるように植物によってこの値は異なっています。

このように、水は酸素の生成や炭水化物の生成の原料でもありますが、大半は冷媒として使われ、一般の化学工場における冷却水と同様の働きを行っていると考えられます。

さらに水のもう1つの役割として溶媒としての働きがあります。植物の成長に必要な養分を溶かし、根から吸い上げて葉に送る他、合成された栄養物を必要なところに送り届けたり、一部の栄養物や老廃物を溶かして根に送り根圏微生物に与えたり、老廃物の廃棄を行ったりしているといわれます（松井、1997；松井、1996）。

②　葉におけるデンプン製造工場の冷却水として機能する水の実際———

一株のトウモロコシが生育し実をつけるために3.8ℓの水を必要とし

ますが、この化学反応の反応熱を放出するために380ℓの水がなければ結実しないといわれます(A.Alling & M.Nelson著、平田訳、1996)。

ムギ類は1kgの穀物生産に対し約400kgの水が必要ですが、それ以外ワラの生育にも必要となるので1ha当たりムギの穀物5,000kgとそれを支えるワラの部分6,000kgを合わせた1万1,000kgのムギの植物体(生産物)には4,400tの冷却用の蒸散水が必要となると考えられます。

ドイツでは年間の平均雨量はほぼ700㎜です。この値は1ha当たり7,000tの降水量に相当し、農業スタイルにも関係してきます。つまり、この値ならムギの栽培には十分な水量となると考えられ、事実ドイツでは主要穀物としてムギが栽培されています。そのムギの生育においては年間雨量の65%、455㎜分が化学反応の冷却のために失われていると見積もられています(E.Hennig著、中村訳、2009)。

③　葉の冷却水がストップすると――

高等植物のほとんどの組織は45℃以上の温度に長く曝されると死んでしまいます。カボチャ、ナタネ、トウモロコシなどの熱致死温度は49～51℃で、この温度環境に10分ほど暴露されると枯れてしまいます。ほとんどの植物は水の蒸発冷却によって葉の温度が45℃以下に保たれるようにしています。植物によっては、葉の過熱を避けるために葉に切れ込みを作るなり、葉毛やワックスで表面を覆うなりして、太陽光の吸収を抑えています。活発に成長している組織は一般に45℃以上の温度では生存ができません。

サボテンなどの多肉植物などは60～65℃にも耐えることができますが、これらの植物は入射する太陽光の熱を赤外放射光として再放射したり、熱伝導や対流によって熱を散逸させたりする機能によって温度を下げています。しかし、ブドウの実や多くの種子や花粉はさらに高い温度でも問題がないと述べられています(L.Taiz & E.Zeiger編、西谷、島崎ら監訳、2004)。

XIV－(5). 農畜産物生産に必要な水、生活に必要な水の量

このように見たとき、農畜産物1kgの生産に必要な水の量は穀物で平均800kg（ℓ、リットル）、野菜で平均200kg、牛肉で4,000kgという値が出ています（高橋、1997b）。

しかし日本国内で牛肉を生産するには10万ℓが必要との驚くべき値が出されています。この違いは国によっての規模の大小や生産方式の違いによっています。このように生産様式の異なる日本国内では、コメ1kgの生産に5,100ℓ、1kgのコムギ生産には3,200ℓ、1kgのトウモロコシ生産には2,000ℓ、1kgの大豆生産には3,400ℓの水が必要とされています（村田、朝日新聞、2002）。

日本はこれらの農産物を大量に輸入しており、ごみまで輸入しているとすでに述べましたが、このように水も大量に輸入している計算になります。この水のことを「仮想水」または「間接水（バーチャルウォーター）」と呼んでいます。

農畜産物の生産に対して使用水量に大きな違いがあるということは、食生活のスタイルによって1人が1年間に消費する食料の生産に必要な水の量が異なることになります。動物性タンパク質の摂り方の多い人、たとえばアメリカ人はその値が1,640tであるのに対し、平均的な日本人は300tです。ただし魚の嫌いな日本人は560tになるといわれています。ちなみに菜食主義者の人が必要とする水の量は200tとのことです（高橋、1997b）。

畜肉生産には水ばかりでなく飼料用の穀物も大量に消費されています。穀物の畜肉への変換率は牛で7～10%と効率が悪い上に、我々が利用できる穀物まで飼料用に利用されるようになってしまっていることも考慮する必要があると思われます。

人口が増え、途上国のGDPが増加し、豊かになるにつれ、タンパク質の摂り方が畜肉に移っていくことは容易に理解できます。この様な傾向は我々の戦後からの食生活を振り返ってみても納得のいくものと思われます。しかしそれに合わせて必然的に水の使用量や飼料用の穀物の消

費量も増加してきたことになりますし、今後も増加することでしょう。

先進国と途上国における食用に用いられる穀物の量は1人年間それぞれ130～160kgとそれほど大きな違いはありません。しかし、飼料用の穀物に関しては先進国が330kgであるのに対して途上国では40kgほどでしかありません。全部ではないものの家畜に与えている穀物のある部分は我々の食料と競合するものでありますし、それを生産するための水の量も膨大になっていることが理解されるでしょう（應和編著、2005）。

最近は水不足の国が増加してきており、他国の水源を買い占める動きまで出ています。

XIV－(6). 世界や日本の水事情、河川の水量の安定性を図る河況係数

① 日本の水事情―――

日本の水資源の80～90％は河川水に依存しています。その水源はもとをたどれば降雨(降雪)に依存していると思われます。モンスーン地帯ですので雨量が多そうに思われるのですが、梅雨期と台風のときに降水が集中しており、時に洪水として被害をもたらします。また、全国的に平野が少なく山がちで河川が急勾配で短いため、降った雨の1/3はそのまま海に流れてしまっています。山や森にとどまった雨も平均13日ほどで海に流れていると考えられています。河川の水量が安定しないということは旱魃などの原因ともなり、水問題は深刻です（柴田、2007a）。

日本の川はまるで滝のように流れ下るといわれます。例えば日本を代表する利根川ですら標高約600mの水源地から322㎞で海に届きます。アメリカのコロラド川は640mの高さから2,320㎞も流れて河口に到達します。日本の川が如何に急流であるかがわかります（原、2009b）。

利根川の流れる久喜市栗橋での水の利用量は最小流量の16倍にもなるといわれますが、これは上流にダムがあるお陰です。しかし、最大流量は最小流量の70倍にもなるとのことで、降水量にばらつきがあることがわかります（竹村、2006）。

1年間の河川流量（水量）の最大値を最小値で割った値を「河況係数」

と呼び、河川の水量の安定性を図る指標となっています。外国の大河はこの値が低く、ドナウ川では4、ライン川では30、セーヌ川は34などとなっていて、年間を通して河川水の量が安定しています。しかし、日本の川はその値が大きく水量が不安定であることがわかります。例えば、四万十川は8,920、黒部川は5,075、最上川は423、信濃川は117などとなっており、急流であるうえに水量が安定せず、洪水を起こしやすく、同時に渇水にも見舞われやすいことがわかります（柴田、2007a）。河川流量年表によりますと、利根川（栗橋）でこの値は約60と出ています。

日本はこれまで洪水対策としてダムを作るなどの治水を行い、その水を利用する時代を経てきましたが、さらに水環境を重視しなければならない時代に移行したと思われます。すでに環境破壊を防ぐ樹木の働きのところで見たように、単一植林などを排して森林の帯水能力を利用し、保水性の高い森林に切り変えるなどして保水に努め、都市では中水の利用などのように水の再生利用を図る努力も必要になってきているように思われます。

最近は集中豪雨やゲリラ豪雨などと呼ばれる短時間降水量が増えてきました。現在国内に1,300か所あるアメダスという自動気象データ収集システムの結果を集計した気象庁の発表によりますと、1時間降水量が50㎜以上の雨の最近10年間の平均年間発生回数は約311回でした。アメダスの運用が開始されて統計を取り始めた1976年からの最初の10年間の平均年間発生回数は約226回でしたから現在は約1.4倍に増加していることになっています。また、80㎜以上の雨の回数も急激な増加を示しています。

これだけの集中的かつ局地的な豪雨となると、その雨を利用するにはほど遠く、災害となってしまっています。気象庁からは大雨に対する警報を局地的に、かつ頻繁に発令するなどの取り組みが行われていますが、それ以外の対策が急がれます。

②　地球上の水事情———

地球上にある水のほとんどは海水であり、淡水は2.5％しかありません。しかも、この少ない淡水のうち69%は極地などの氷が占め、30%は地下水が占めています。河川水としてはわずか0.006%となります。

海の水に関しては、すでに見たように、世界の海洋の平均深さ3,800mの海水は1年間にほぼ1m分の水が蒸発します。しかし、雨として同じ分量が地球上に降るダイナミックな水の循環が存在しています。従って地上に降る雨水の量は年間35～40兆t（35～40Tt）と推定され、これが河川や地下水になっていると見積もられます。ただし、これらの量の雨が均等に降るわけではなく、また、多雨地帯では利用されることも少なく、無駄に海に流れ下っているのが現状です（林、2004）。

③　1人当たりの年間水資源量、少ない場合は水ストレスに――

国連による『世界水発展報告書 2014』を基にしてそれぞれの国の農業、工業、エネルギーおよび環境関連に1人当たり1年間に使用する水の量を計算しますと、平均はおおよそ1,700m³（t）になると発表されています。内訳は、飲み水に1m³、生活用水に100m³、工業用水に100m³、食料生産のための農業用水に発展途上国では500～1,000m³、先進国では1,000～2,000m³になるとのことです。工業用の水使用量が少ないように思われますがこれは再生利用率が高いためとのことです。

このように世界の年間水資源量は食料生産のために使用されるものが主になっていますので、この値が1,700m³以下では水ストレスにさらされることになり、ひいては食料不足につながることが予想されます。さらにこの値が1,000を下回る場合は水不足が人々の健康や経済開発や福祉を阻害し始めますし、500m³以下になりますと水の入手が生存にとって最優先事項になってしまうと述べられています。

国連の『人間開発報告書2006』によれば43か国の約7億人が上の値の1,700m³以下で水ストレスを感じて生活しているとのことです（柴田、2007b）。

④　日本の1人当たりの年間水資源量――

ところで、文部科学省の統計白書によりますと、日本の年間水資源量は700m³と出されており、内訳は生活用水に130m³、工業用水の淡水補給量が110m^3、それに農業用水が460m^{3}です。国連の報告の水ストレスを感じる1,700m^{3}以下ですし、極度のストレスを感じる1,000m^{3}をも下回っています。しかし、一般的に誰も水ストレスを感じてはいませんし、健康や経済開発、あるいは福祉を阻害し始めるような慢性的は水不足ともなっていません。なぜでしょうか？

この水資源量の値は食料生産のために使用されるものが大きいと述べましたが、日本は海外から食料を大量に輸入しています。その食料の生産に要する約600m^{3}もの水を輸入していることになり、この値を加える必要があるはずです。しかし、水そのものを輸入しているわけではないのでそれをすでに述べたように「仮想水」または「間接水（バーチャルウォーター）」と呼んでいます。

さらにまた、食料のうちの魚介類の生産には水を特に必要としないので数字としては表れてきません。我々の食生活を考えればこの700m^{3}の値でも水ストレスを感じないことが理解されます。しかし、畜肉、特に牛肉には大量の水が使用されていることも思い起こす必要があるでしょう。

⑤　世界の地下水———

世界各地には地下水を貯えている地層（帯水層）があり、そこから水をくみ上げて農業を行っているところが多くあります。現在帯水層全体で見たときに、雨水が浸みこむなどしてたまる量の約3.5倍の水が利用されていると報告されています。

個々に見たときに、貯水量に対する利用量の割合の多い所は南カスピ海地域で、貯まる量の100倍もの水を使用しています。またインドとパキスタンにまたがるガンジス川上流域では約54倍、さらに、中国黄河一体の帯水層では7.9倍にもなり、早晩枯渇が心配されます。これらの地域は砂漠地帯であったり、降水量の少ない場所であったりします。アメリカのオガララ帯水層という所も乾燥地帯ですが大々的に農業が行なわれています。そこでは雨水が浸みこんで貯まる量に対する利用量の割合は9.0倍と評価されています（次項参照）。

日本も一時地下水をくみ上げすぎて地盤が沈下したと問題視された時

代があり、規制がかかるようになりました。それでも関東平野で1.2倍、大阪平野で1.9倍と使用量の方が多くなっていると報道されました(朝日新聞、2012)。

その他日本では雨水や雪解け水が地下に潜り、伏流水として湧き出しているところが至る所にあり、そのような水を使っているところが多くあります。

⑥ グレートプレーンズの化石水枯渇の心配
(センターピボット灌漑装置)———

北アメリカの中西部、ロッキー山脈の東側と中央平原の間に南北に広がるグレートプレーンズはアメリカの“パンかご”ともいわれるほどの一大農業地帯で、コムギやトウモロコシが大量に生産されていましたし、今も節水しながら部分的に生産され続けています。

ロッキー山脈からの雪解け水が化石水となって膨大な量が地下に貯蔵され、45万km²にも渡るオガララ帯水層(ハイ・プレーンズ帯水層)が存在していました。この化石水を揚水した灌漑農業が大々的に行われ、1976年頃には直径800mもあるセンターピボット灌漑装置がこの地域に3万台も稼働し食料生産が行われていました(表紙写真)。

しかし、限りある地下水を揚水しすぎたために帯水層も地下水位が下がり、水不足、砂漠化および干ばつが起こるようになりました。この地域はもともと乾燥地帯に属する「アメリカ大砂漠」と呼ばれた草原地帯で、年間降水量は500㎜に満たないため地下水に依存せざるを得ない地域です。そこで、現在では水利用効率100%を目指すドリップ灌漑や地中灌漑方式を考案し、効率よく水を使用するようになっています。それでも、かつての生産力までには及びません。これだけ努力しても雪解け水や雨によってたまる水の量に対して現在9倍もの水を使用しているといわれます。1960年代から普及し始めたセンターピボット灌漑方式も教科書の記述から消えるのではないかともいわれているほどです(矢ケ崎ら編著、2003)。

⑦ 灌漑農業を行った結果、アラル海が消滅しつつあります———

農業には大量の水を使用すると述べてきました。砂漠や乾燥地帯で行われる灌漑農業ではとりわけ水資源が大量に使用されることになり、様々な問題を起こしています。

アラル海は世界第4位の湖で、日本の東北6県を合わせた面積より広かったのですが、干上がりつつあります。そこへ流入するアムダリア川やシルダリア川の水を用いて綿花の灌漑農業を行った結果、アムダリア川は現在アラル海まで水が到達していません（アムダリア川の断流）。湖は内陸の閉鎖湖であり、半世紀で湖面の面積が1/10にまで干上がり、年々縮小して水位も低下しています。その結果、1つだった湖が数個に分断されてしまいました。

この地域はもともと砂漠地帯であり、降水量は年間200㎜未満でした。にもかかわらず灌漑に大量の水が使用され、排水路から塩分が湖に流れ込み、塩分濃度が海水の濃度に近づいているところもあります。干上がった湖底は塩分で白くなっているといわれます（川端、2012）。

⑧　メキシコに流れ込むコロラド川の塩分濃度———

アメリカ南部の乾燥地帯を流れてメキシコに流れ込むコロラド川は、アメリカ側でダムを作って灌漑に多くの水を使用したことでメキシコ側の水量が低下して一部干上がるところも出ています。黄河やアラル海のアムダリア川同様、アメリカ側で断流が起こっています。

また、1960年代には灌漑と農業生産を行った後の排水がコロラド川に流れ込み、塩分濃度が上昇しました。そこで1973年、アメリカ・メキシコの国際調停「コロラド川塩害管理法案」が策定され、そのままではメキシコに流せなくなり、国境で脱塩操作を行ってメキシコ側に放流するようになっているそうです（森沢編著、2002）。

XIV－(7). 世界の食料事情

①　日本の食料の輸入量と食品廃棄量（食品ロスの問題）———

農水省や環境省、総務省などの最近の統計によりますと食料の輸入量は年間約3,000万tといわれます。一方、国内の食品廃棄物の量は、平成28年度は2,759万tでしたし、そのうち「食品ロス」の量は643万tと集計されています。

食品ロスとは、賞味期限内でまだ問題なしに食べられるものが廃棄されていることを指しています。家庭から約290万t廃棄されていて全体の40%に相当しますが、残りは食品事業所からの廃棄です。食品流通業界の商慣習には「3分の1ルール」というのがあり、「販売期限は賞味期限の3分の2の時点まで」となっています。また、製造日から賞味期限までの期間の残り3分の1に入ると廃棄されてしまいます。そのようにして廃棄される廃棄率の高さは、日本はアジアでは1位、世界でも6位であり、廃棄に必要な税金は1兆円といわれています。

このような状況から、食品ロス削減法が2019年に制定されました。この法律は国民運動で廃棄の抑制を図ろうという趣旨のもとに制定されたものであり、それぞれのコンビニエンスストアなどが対応を急いでいるようです。

食品流通の3分の1ルールに関しても、メーカーが小売店に納品するまでの期間が製造日から賞味期限までの期間の3分の1に当たる期間内に納品しなければならないと縛られていますが、アメリカではそれは2分の1、欧州では3分の2が一般的とのことです。賞味期限というのは品質が変わらずにおいしく食べられる期限のことで、期限が過ぎたから食べられなくわけではありません。無駄にならないよう十分心したいものです。

食品ロスだけではなく、食料の輸入量にほぼ匹敵する量の食品が廃棄されていることにも驚かされます(重量だけの数字ですので一概に比較はできませんが)。しかし、日常的に冷蔵庫の中の食品が無駄になっている、あるいはパーティー時の食べ残しが多いなどと目や耳にすることを考えると、さもありなんと納得してしまう数字でもあります。

その食料の生産国での水の使用や肥料の使用をはじめ、生産者の労力を考えても日本の廃棄率の高さは何とかしなければならない問題と思われます。

ちなみに日本だけでなく全世界の食品の1/3が捨てられているとも報道されており、心が痛みます。

②　食料の輸入量の多い国―――

日本は農業を営む平地が極端に少ないこと、食料自給率も先進国としては低いことなどをすでにみてきましたし、その結果食料を輸入していることをも述べてきました。それでは世界的に見た時に、他の国はどのくらい食料を輸入しているのでしょうか？

農水省が2015（平成27）年10月に発表した統計によりますと2012年における各国の農産物の輸入額は日本が669億ドル、中国が632億ドル、イギリスが315億ドル、ロシアが240億ドル、韓国が198億ドル、それにドイツが114億ドルとなっています。

2006年までは中国は穀物が余り1,000万tも輸出していたというのに、2013年から14年にかけては2,200万tもの膨大な量を輸入することになったといわれます。その後も輸入が続いていますが、その様変わりは中国の人々の食生活のレベルが向上し、多くの穀物が飼料として使用されるようになった結果といわれています。

第５章　引用文献

田辺和裄（1996）、『生物と環境、生物と水土のシステム』、p.40、東京教学社（1996年）

NHK放送（2018）、『東京ロストワールド秘島探検全記録』、（2018年）

藤井一至（2018）、『土　地球最後のナゾ、100億人を養う土壌を求めて』、p.98、光文社（2018年）

土の世界編集グループ編（1998a）、『土の世界、大地からのメッセージ』、p.1、朝倉書店（1998年）

日本林業技術協会編（2004）、『土の100不思議』、p.12、東京書籍（2004年）

児玉浩憲（2000）、『図解雑学生態系』、p.166、ナツメ社（2000年）

朝日新聞（2019）、5月26日（2019年）

Joachin Radkau著、山縣光晶訳（2013）、『木材と文明、ヨーロッパは木材の文明だった』、p.297、築地書館（2013年）

鈴木三男（2008）、「50周年を迎えた植物園」、『東北大学青葉工学会報』、52巻、27-31、青葉工学会（2008）

大石正道（2001)、『生態系と地球環境のしくみ』、p.187、日本実業出版社（2001 年）
朝日新聞（2015)、1 月 5 日（2015 年）
原 剛（2009a)、『農から環境を考える、21 世紀の地球のために』、p.105、集英社（2009 年）
日本生態系協会編（1999a)、『日本を救う最後の選択 ──豊かな「自然」を取り戻すための新提言』、p.79、情報センター出版局（1999 年）
松永勝彦（2010)、『森が消えれば海も死ぬ、陸と海を結ぶ生態学』、p.152、講談社（2010 年）
久馬一剛（2005)、『土とは何だろうか？』、p.30、京都大学学術出版会（2005 年）
簗瀬範彦（2007)、「土地面積の単位について」、『区画整理』、50 巻、67-69、街づくり区画整理協会（2007 年）
橋本直樹（2004)、『見直せ日本の食料環境、食生活と農業と環境を考える』、p.44, 養賢堂（2004 年）
西尾道徳、西尾敏彦（2005)、『図解雑学　農業』、p.147、ナツメ社（2005 年）
田中正敏、菊池安行編、佐々木隆著（1992)、『近未来の人間科学事典』、p.622、朝倉書店（1992 年）
左右田健次編（2001)、『生化学 ─基礎と工学─』、p.117、化学同人（2001)
勝木渥（1999）、『環境の基礎理論』、p.83、海鳴社（1999)
日本生態系協会編（1999b)、『日本を救う最後の選択 ──豊かな「自然」を取り戻すための新提言』、p.48, 159、情報センター出版局（1999 年）
海野道郎（2002)、「環境問題と社会的ジレンマ」、『まなびの杜 ─〈東北大学〉知的探検のススメ』、p.124、東北大学出版会（2002 年）
朝日新聞（2009)、9 月 5 日（2009 年）
日刊工業新聞（2002)、3 月 13 日（2002 年）
堂免一成（1999)、「エネルギーのロマン ─恒久的エネルギー創製の夢」、『化学と工業』、52 巻、p.14、公益社団法人日本化学会（1999 年）
根本正之編著（2010)、『身近な自然の保全生態学、生物の多様性を知る』、p.133、培風館（2010 年）
杉原秀樹（2000)、「光合成（光と化学 2)」、『化学と教育』、48 巻、248-251、公益社団法人日本化学会（2000 年）

高橋英一（1997a）、『栄養学の窓から眺めた生物の世界』、p.75、研成社（1997年）
高橋英一（2009）、『食べて、食べられて、まわる ──環境適応と多様性の道をたどる──』、p.78、研成社（2009年）
渡辺正（2018）、『「地球温暖化」狂騒曲、社会を壊す空騒ぎ』、p.16、丸善出版（2018年）
橋本直樹（2004）、『見直せ日本の食料環境 ──食生活と農業と環境を考える』、p.147、養賢堂（2004年）
土の世界編集グループ編（1998b）、『土の世界、大地からのメッセージ』、p.2、朝倉書店（1998年）
農文協編（1995）、『有機物を使いこなす』、p.9、農山漁村文化協会（1995年）
和田英太郎・安成哲三編、半田暢彦（1999）、『岩波講座、地球環境学 ─4．水・物質循環系の変化』、p.38、岩波書店（1999年）
朝日新聞（2001）、8月5日（2001年）
松井健一（1997）、『水の不思議、秘められた力を科学する』、p.136、日刊工業新聞社（1997年）
松井健一（1996）、日刊工業新聞、3月25日（1996年）
Abigail Alling & Mark Nelson著、平田明隆訳（1996）、『バイオスフィア実験生活、史上最大の人工閉鎖生態系での2年間』、p.72、講談社（1996年）
Erhard Hennig、中村英司訳（2009）、『生きている土壌、腐植と熟土の生成と働き』、p.113、農山漁村文化協会（2009年）
Lincoln Taiz & Eduardo Zeiger編、西谷和彦、島崎研一郎ら監訳（2004）、『植物生理学第3版』、p.612、培風館（2004年）
高橋英一（1997b）、『生命にとって塩とは何か、土と食の塩過剰』、p.191、農山漁村文化協会（1997年）
村田泰夫（2002）、朝日新聞10月12日（2002年）
應和邦昭編著（2005）、『食と環境』、p.92、東京農業大学出版会（2005年）
柴田明夫（2007a）、『水戦争 ─水資源争奪の最終戦争が始まった』、p.179、角川SSC新書（2007年）
原 剛（2009b）、『農から環境を考える、21世紀の地球のために』、p.95、集英社（2009年）
竹村公太郎（2006）、「広重にみる日本近代文明の萌芽」、p.72、『学士会会報』、No.860、一般社団法人学士会（2006年）

林俊郎（2004）、『水と健康、狼少年にご用心』、p.177、日本評論社（2004年）
柴田明夫（2007b）、『水戦争 ―水資源争奪の最終戦争が始まった』、p.175、角川 SSC 新書（2007 年）
朝日新聞（2012）、10 月 3 日（2012 年）
矢ケ崎典隆、斎藤功、菅野峰明編著（2003）、『アメリカ大平原 ――食料基地の形成と持続性――』、p.38、古今書院（2003 年）
川端良子（2012）、「中央アジアのアラル海の縮小が漁業資源，農業，食糧生産に及ぼす影響について」、『Bull. Soc. Sea Water Sci.』、Jpn., 66 巻、79-85（2012 年）
森沢真輔編著（2002）、『土壌圏の管理技術』、p.181、コロナ社（2002 年）

第6章　健康や病気は遺伝子支配か環境支配か

XV. 食環境と健康

XV－(1). 子どもたちの食環境

子どもたちの生活環境が変化した結果、健康に異変が起こった身近な例が淡路島の明石海峡大橋の開通時（1998年）に見てとれます。

橋の開通に伴い、それまで1軒もなかったコンビニエンスストアが島の方々に誕生して生活が便利になりました。しかしその結果、島の小学校で低学年ほど健康診断の値が適正値からずれた子どもたちが多く見られるようになり、ある小学校では兵庫県で3番目に肥満児の割合が高くなったところも出てきたそうです。

食環境を調査した結果、便利さゆえにコンビニを利用するようになったことがわかりました。コンビニの弁当やインスタント食品は便利ではあるものの、高脂肪、高カロリーで、塩分が多く、野菜が少ないなどの特徴があります。子供たちがそれを主にして生活するには栄養バランスが悪く、食育上問題があると考えられました（家森、2008）。

そこで、当時京都大学におられた家森幸男先生たちは島の140名の小学生を2つのグループに分けて観察（実験）を行いました。片方のグループには1日1回は日本の伝統食である魚、海草やわかめ、大豆や野菜、キノコなどを取り入れ、塩分控えめにした食事を、もう片方のグループにはそれまで通りの食事を8か月間続けてもらいました。その結果、伝統食を摂ることでいったん悪化した健康状態を元に戻すこともできることがわかり、食環境が健康に大きく影響していることがわかりました。

XV－(2). 日本人の栄養摂取の変化と病気

日本人の食生活は第二次世界大戦の終戦を境に大きく変化しました。

摂取カロリー(熱量)は1950(昭和25)年から1965(昭和40)年くらいまでは2,100 kcalで変化はありませんでしたが、その後の20年間は2,200 kcalと少し増えた状態で推移しました。しかしそれ以降は減少し、現在も毎年低下し続けています。

戦後の混乱もやや落ち着いた1950(昭和25)年以降の食事内容を見ますと、その後の50年間で、でんぷん質などの糖質の摂取は大幅に減少し、代わりに動物性タンパク質や脂肪の摂取が増加しました。特に脂肪は18gから57.4gと3倍以上に増加しています(松尾・長谷川編、1995a)。

この間の国内総生産(GDP)は8.1倍に増加しましたし、豊かになるにしたがって自家用車の保有台数も10.3倍と増加しました。これらの変化に呼応して糖尿病などの生活習慣病が増加してきたといわれます(門脇、1999)。厚生労働省のデータによると、現在では糖尿病の有病者数は1,000万人を超え、その予備軍も1,000万人いるとのことです。どの国においても戦争の時は食糧が欠乏するので糖尿病患者は非常に少なくなりますが、戦争が終わり、数年が経ってからの患者数を見ますと増加の一途をたどっています。この増加のカーブは自家用車の保有台数の増加のカーブと非常によく似た傾向を示していると多くの研究者によって報告されています。

アメリカでは多くの生活習慣病が日本より早くから増加しました。医療費が高騰したため、その対策を検討する委員会が設置され、世界各国の食生活と健康や病気などとの関係の調査が行われました。その委員会で得られた結論は「マクガバンレポート」としてまとめられ、食生活のカロリーを減らし、脂肪の摂取を控えるように改善する必要があると報告しています。さらにそのような食生活の見本として、「日本の昭和30年代の食生活を推奨する」とも述べられています(今村監訳、1995)。

日本のがん訂正死亡率の推移をみますと、肺がんや大腸・直腸がん、さらに乳がんなどの各種がん死亡率は年々増加しており、限りなくアメリカ人のそれに近づいてきていることがわかります(日本脂質栄養学会監修・奥山・菊川編、1998)。

これはとりもなおさず日本の食生活がアメリカナイズされてきた結果と思われ、がんの発症が食生活や食環境に起因するものであることが強く示唆されます。我々も「昭和30年代の食生活」を思い出す必要がありそうです。

なお、逆に胃がんは減少しつつあります。理由は複合的なものと思われますが、主な原因はピロリ菌の感染率の低下といわれています。ピロリ菌は小児期に糞便などを介しての不衛生な水を通して感染したと考えられており、60歳以上の感染率は60〜80%といわれています。しかし、衛生状態が改善された現在では、若者の感染率は10歳代では10〜20%と低下していて、がんの発生率の低下と関係があるともいわれています(黒木、2007)。

XV−(3). がんの発生

ところで、がんは今や2人に1人が発症するといわれ、日本の死因の1/3はがんであるなどと最も恐れられている病気です。それはどのように発生するのでしょうか？　がんの発症は遺伝の影響の大きいものも中にはありますが、食生活との関係が色々の場面で議論されてきており、アメリカでは特に注目されています。

①　放射線によるがん———

日本では食生活との関連性を議論する前に放射線によるがんの発生が注目されてきました。広島、長崎における原子爆弾投下によるがんの発生や、アメリカのビキニ環礁における水素爆弾の実験時に死の灰を浴びた第五福竜丸の船員の方々のがんの発生、そしてそれに起因する死亡に注意が向けられてきました。ごく最近では、福島の原発事故後のがん発生のリスクなどが気になるところだと思います。

放射線による人体への影響は、一体何が問題で、その影響とはどのようなメカニズムで現れ、がんに進展するのでしょうか？

放射線とはエネルギー物質もしくはエネルギーの流れであると考えられます。そのようなエネルギーが我々の体に当たったり、それを発生する物質が体内に入ったりすると、生体を構成する物質に対して影響をおよぼします。まず、それらの物質に対し電離を起こしてイオン化したり、励起という現象を起こしたりします。これにより、生体構成物質をエネルギー的に高めて不安定状態にしてしまいます。結果として「自由電子」や「ラジカル」といわれるようなエネルギーの高い活性な分子種が生じたりします。これらの現象が起こる一連の反応の中で、我々がよく知るようになってきた活性酸素という物質が生じることになります。

人体が放射線を浴びますと、最終的に非常に反応性の高い活性酸素が発生し、それが体の機能性分子の機能を低下させたり、構造の変化を生じさせたり、または破壊してしまいます。このような反応が起こりますと組織や臓器が損傷を受けて不全となる、つまりがんが発生し、細胞が死んでしまうなり、個体の死にもつながるという因果関係になっています（武田・太田、2008）。

ただし、放射線を浴びたらすぐにこの状態になるわけではありません。放射線の強さや照射時間によって、問題になる作用とならない作用があるということです。我々の体は新陳代謝を繰り返しています。たとえば腸管の上皮細胞は2.5～3日で細胞の入れ替えが繰り返されています。従ってその上皮細胞の合成機能が損傷を受け不全となる程度の放射線を被曝しても、その直後は残った細胞が機能しますのでしばらくは普通の生活を送ることができます。しかし、合成機能が損傷していますのでその後の細胞の補給がなく数日後に死に至るという症状が出てきます（放射線取扱主任者試験の講習を著者が受けた時には「2.5日ルール」として習いました）。このため、放射線を浴びた時は、その被曝量の強弱や被曝時間によってすぐ亡くなる方、2～3日後に亡くなる方、遅れてがんなどの症状が現れる方というように時間差で色々な症状が現れてくるのです。

また、新陳代謝の関連で、被曝してもその害が問題になる体の部分とならない部分があります。例えば筋肉に照射後の症状が起こっても、損傷を受けた筋肉を分解して壊してしまえばほぼ問題は無いわけです。我々の体の中のタンパク質は1日に350gくらいは壊されていますが、それに相当する350gのタンパク質は新たに作られますので、昨日と同様な体の状態が今日も持続されています（左右田編著、2001）。ですから筋肉は放射能を受けて損傷を受けてもその部分を壊してアミノ酸にまで分解し、さらに分解代謝してしまえば放射線被曝の関係はあまり残りません。

②　なぜがんが問題となるのか———

放射線による損傷を受けて、最後に問題になるのは遺伝子です。遺伝子は我々の生命活動のすべての設計図になっていますし、生まれてから死ぬまでこの同じ遺伝子の遺伝情報を使っています。損傷を受けて傷付いたDNAも、傷が付いたらそれですぐに病気になったりがんになったりするというわけではなく、その傷のほとんどを修復して正常に戻すという機能が我々には備わっています。修復し切れなかったものが出てきても、その次のステージとして「アポトーシス（プログラム細胞死）」という機能、つまり不要となった細胞を意識的にプログラミングして壊してしまうという機能を用いて除去されます。この機能でも壊されなかったものは、最後は免疫作用というものによって外部に排出されます。

こういう数段階ものステップを踏むことにより、損傷を受けて傷付いたDNAは修復されたり、次の細胞に移らないよう除去されたりします。それでもまだ傷の付いた遺伝子が残ってしまうと、それがもととなってがんになります。ただし、これもまだ「可能性がある」ということであり、生命活動に関係のない遺伝子の損傷は、がんとはほとんど無縁です。

ところで、一般にがんは最初に「前がん細胞」というもの、あるいは小さながんが出来ます。それが出来ても、そのことが検査でわかるまでに20～30年かかるといわれています。中には進行の早いがんもあり、若年層のがんは特に早く進行します。年をとればとるほどがん細胞の成長も遅くなりますから、年齢によっては、がんが出来ても治療する前に人体の寿命のほうが早く来ることもあります。

このようなことを考えますと、DNAの損傷によるがんは、我々の生命の素晴らしい機能をすり抜けたほんの少しの部分が残ったときの原因によると考えることができると思います。

③　活性酸素の発生とその功罪――――

放射線を浴びた時に問題となる原因物質として「活性酸素」という言葉がでてきました。放射線とは関係なしにこのキーワードを考えてみたいと思います。

活性酸素は過食となるような食生活をした時、激しい運動をした時、あるいはウイルスや細菌によって炎症を受けた時や火傷をした時、紫外線を浴びたり宇宙線を浴びたりした時などに体内に発生します。その他、薬剤、制がん剤を飲んだ時、またアルコールを飲み過ぎた時やタバコの煙を吸い込んだ時などにも発生しますし、さらにストレスを受けた時にも活性酸素は出てくるといわれています。

活性酸素は体にとって害になるようにこれまで説明してきましたが、白血球はこの活性酸素を用いて病原菌を殺しておりますから、生命活動にとってはなくてはならない重要な分子種です。しかし、このような時でも役割を果たした後に少量残ってしまう活性酸素は非常に強いエネルギーを持ったままです。作用すべき(攻撃すべき)相手がいなくなり野放しの状態に置かれた活性酸素は、正常な機能をも損傷させる困った存在となります。このように余分になった活性酸素を消去する機能も体には備わっています。「スーパーオキシドディスムターゼ」という酵素により、活性酸素は消去されます。

このスーパーオキシドディスムターゼの半減期は20分ほどです。減少したままでは困りますので、体内で常に作り続ける必要があります。また、この酵素の活性中心は亜鉛や銅イオンで構成されていますので、少量ではありますが常に体内にこれらの金属イオンが存在している必要があります。

また、非酵素的な抗酸化剤としてビタミンEやビタミンC、また、尿酸やポリフェノール類などが補助的な働きをしてくれます。ポリフェノールの仲間にはお茶のカテキン、赤ワインなどのアントシアニン、豆類のイソフラボン、そばのルチンなど自然界には5,000種類以上も存在し、動脈硬化など生活習慣病の予防物質として役立ってもいます。

④　病は気から、実際はほとんどの病は活性酸素が原因です――

よく「病は気から」といわれますが、病はストレスが原因であるともいわれます。上で見たように、我々がストレスを受けると活性酸素が生じます。結局、この活性酸素が最終的にはほとんどすべての病気の原因であるということが明らかになりつつあります。

1997年に、母子手帳から「日光浴をさせましょう」という記述がなくなりました。日光浴をすることにより紫外線を浴びすぎて皮膚がんになるリスクが上がる可能性があるというのがその理由でした。現在はその代わりに外気浴が推奨されています。しかし、この変更がもととなってそれまで非常に珍しかった幼児の「くる病」の増加が2000年頃からみられるようになりました。日光に当たることによって体表面で作られていたビタミンDが、日光にあたらなくなったために合成されずに不足してしまい、カルシウムの吸収が妨げられ、骨の生育が不完全となり、くる病を発症しているとのことです。何事も極端は心したいものです。

XV－(4). 食生活、食環境と病気

①　痛風は日本になかった病気？――

痛風という病気はヨーロッパでは「帝王の病気」といわれ、古くから定着していた病気でした。しかし、日本では明治になっても患者がいなかったので、世界からは特異な目で見られていました。ドイツ人医師ベルツは「日本には痛風という病気はない」と記録したほどです。日本で初めて患者が報告されたのは1898（明治31）年でしたが、それ以降も患者数は少なく、第二次世界大戦中も患者はほとんどいませんでした。それゆえ、日本人には痛風の遺伝子を持った人はいないのではないかと思われていたのです。しかし1960年代から急に増えだし、現在では全国に数十万人の患者がいると推定されています。

痛風は牛肉のヒレやロース部位、エビやカニみそなど動物性食品のプ

リン体という物質の多い食事によって尿酸が生じることが原因です。これらの食材はおいしいものばかりですので、日本でも帝王の病気ならぬ「贅沢病」とも呼ばれました。

② 糖尿病は減少していると報道されましたが？———

糖尿病は、「国民病」とも呼ばれるほど増加していると広く思われてきました。実際に、糖尿病が疑われる者は2007年まで増加していました。しかし平成28年度の厚生労働省の調査によればそれ以降は減少しているとのことです。実は、減少したというのはその予備軍の人数が100万人ほど減少したということだけで、患者数の多い「国民病」であることには変わりありません。

糖尿病が増加した理由は、穀類を主とする生活から高核酸・高タンパク質の食品へ移行したこと、さらに運動不足になったことだといわれます。（高橋、2003）。この病気はいったん発症しますと後戻りはできにくく、人工透析になる原因のトップが糖尿病に起因していることからも注意が必要です。

③ バター消費量と虚血性心疾患との関係———

酪農王国ノルウェーではバターやミルク、さらにチーズや卵などの乳脂肪の消費量が多く、それに伴い虚血性心疾患による死亡率も高い状態でした。第二次世界大戦がはじまる1940年頃になると国によって乳製品が軍に徴発されるようになったため、国民への乳製品(乳脂肪)の供給が困難となり、消費量が20%ほど低下しました。その年の死亡率には変化はありませんでしたが、その次の年の1941年の死亡率は10%ほど低下しました。松尾、長谷川氏の著書には、1938年から1948年にわたっての乳脂肪の消費量と虚血性心疾患の死亡率の折れ線グラフが、1951年に医学雑誌LancetにA.Strøm等によって発表された論文から転載されています（松尾・長谷川編、1995b）。それによりますと、戦争の影響が最も大きかった1944年には消費量が62%まで低下してしまい、結果として死亡率も79%にまで低下し改善されたことが示されています。

しかし、戦後になって状況が回復し、1945年に元の食生活が一部戻るに従い、またちょうど1年遅れて1946年には死亡率が増加してきたことが示されています。この消費量と死亡率の二つのグラフの死亡率の方がちょうど1年遅れの相似形として表されています。バターなどの乳脂肪の消費量が多い食生活では虚血性心疾患が多くなる傾向が示されています。

④　高度経済成長期のサラリーマンの空腹時血糖値の上昇———

日本糖尿病協会により、日本で景気動向指数が右肩上がりで増加していた1970年代から1990年代にわたって、30代、40代、50代のサラリーマンの空腹時血糖値が調べられました。その結果、景気動向指数に連動して各年代の空腹時血糖値が右肩上がりに急上昇していることがわかりました（朝日新聞、1996）。しかし、1980年代後半から発生したバブル期が1991年以降はじけて景気動向指数が下降するに合わせて、すべての年代の空腹時血糖値が下がったことも報告されています。いかにバブル期の環境が飽食で運動不足だったのかが伺えるデータで、食環境と病気との関係で興味深いデータと思われます。

但し、この血糖値の値では即糖尿病というわけではありません。このまま上がり続けたら要警戒値となる状況であったといわれています。食生活、食環境と健康に関するこのような“正直な”データが得られたことに驚くばかりです。

⑤　フィンランドにおける心臓病死亡率の低下———

心筋梗塞の多い国の代表といわれるフィンランドでは、政府がスポンサーとなり、食事に関する国の指針や食品ラベル表示規制を実施しました。具体的には1970年代から80年代にかけて農業団体や心臓病協会を巻き込み、マスメディアの教育キャンペーンを利用して行われました。もちろん、禁煙も強く訴えかけたといわれます。その結果、わずか26年間で1人あたりの果物・野菜の消費量が倍増し、結果として心臓病による死亡率を65％減少させることに成功したとのことです。死亡率減少の理由の半分は、このキャンペーンによってコレステロールの値が下がった成果によるといわれています。

フィンランドはこれらの結果に味を占め、その後の教育キャンペーンとして健康に対する過食の害を警告するとともに、いわゆる「ジャンクフード」と呼ばれる低栄養・高カロリー品に課税するなどの取り組みを行って消費を抑制するようにしています。また、ナトリウム含量の多いものに「塩分多用」表示を義務付けると同時に、一方で「塩分控えめ」という健康に良いほうを強調する字句を用いることも許容されるようになったといわれます。

しかし、消費者の意識としては「低脂肪」の表示よりも、「高脂肪」・「高糖分」などの「高」という字句の入った表示の方が効果的であったとのことであり、我々も参考にすべき価値のある報告です（C.Flavin編、高木監訳、2002）。

⑥　植物の病気とヒトの病気――

我々ヒトの病気と農作物の被害の原因と対策をまとめてみました。病原菌や害虫に対しては両者ともにほとんど同じような処置がとられ薬が使用されます。また、衛生管理に気を付けるなどの対策が講じられます。

ウイルス病に関しては、薬はありません。しかし、治さなければならないのでヒトでは安静を含めて種々の対策を講じることになりますしワクチンを接種することもできます。しかし農作物に対しては施しようがないので廃棄して病気のまん延を防ぐことになり、新鮮な苗を使用するというような方向で対策を講じています。

遺伝病も農作物では廃棄ですが、ヒトではその病気に適した治療や食事制限などの対応がとられます。

生活習慣病といわれる病気に対しては、健康管理の上から食事の注意、乳酸菌などによる腸内細菌の改善、さらに運動などが推奨され現在多くの人が実践しています。農作物に関しても植物の消化器官と考えられる土壌微生物を整えること、そのためには堆肥やコンポストなどを与える（摂る）ことで改善を図るなど、我々の生活と同じように「食生活」に注意を払うようにいわれます（そこまで意識する人は少ないとは思われますが）。

運動だけは自由に動けるヒトだけのことかと思われますが、次の項目で見るように、踏みつけると元気になるなど「動き（？）」が加わるとそれに対応して植物が元気になる例が多数見られ、我々と同じようなことを植物にも考えることができそうです。

⑦　植物ホルモン、エチレンによる作用――

秋に見事に咲きそろう菊づくりは、昔から茎の高さをそろえるため、伸びすぎた茎を毎朝軽くなでるか、あるいは洗濯ばさみで軽く挟む方法がとられてきました。そうすると高さはそろうのですが、その仕組みや理由はわかりませんでした。しかし、1977年にベイルとミッチェルが朝に茎を刺激するとその植物は伸長を抑制することを見出し、原因物質はエチレンであることがわかりました。このことにより、我が国の昔からの菊づくりが科学的根拠に裏付けられていたことがわかった次第です(山崎、2005)。

植物に対し、触る、あるいはたたくなどの接触刺激のストレス(運動)を与えるとエチレンが生じ、植物ホルモンの作用としての伸長抑制によって徒長が抑えられるなどの効果が表れます。晩秋に麦踏みをするのは霜柱で浮いた根を抑えるだけではなく、物理的に強く踏みつけることで寒さに強いムギにする効果があるといわれます。また、篤農家によってはイネの苗を竹竿や手で苗の葉先をなでたり刺激したり、極端な場合は先端を切り取ることなどによってずんぐりとした健苗育成を行ったりしていますが、これも同じ原理であることがわかりました(松中、2000)。

植物は自分では動けなくとも、なでられたり、叩かれたり、接触されたりと「動かされること（運動）」によってメタボにならずに健康になります。この現象はまさしく我々の運動の効果と同じと考えても良いのではないでしょうか。

【コラム14.　エチレンの効果はこんなところにも】

石の多い道路などで小さな隙間などから生える野菜や花に対して、「ど根性○○」などと囃し立てることが時々起こりますが、特別なことではありません。野菜や花ばかりでなく、一般的に多くの植物も、土の中で石ころや異物に当たると物理的なストレスを受けて芽が太くなり、石ころや土塊を押しのけて成長してきますので特別に驚くようなことでもないのです。これもエチレンの効果です。

樹木が密集しているところでは風などでお互いの葉や枝同士が触れるとエチレンが発生してお互い伸びるのをやめようという信号を送り合って成長が抑制されます。結果として樹木が密集している林や森でもお互いが適正な大きさに成長し、それぞれ自分のテリトリーをきちんと保つ（守る）ことができています。この現象もエチレンの効果であることがわかりました（太田、1995）。

盆栽を作る時は、木の幹に針金を巻いて締め付けます。そのストレスでエチレンが発生してその木は伸びることを止めて幹を太らせ、あの狭い植木鉢の中で盆栽が出来上がります。エチレンを見事に利用した芸術です（岩澤、2010）。

XV－(5). 腸内細菌の働き

我々の体には多くの常在菌がいることはすでに述べましたが、腸内には500～1,000種類、数にして100兆個もの菌がいるといわれています。ヒトを作り上げている細胞数が60兆個ですので、それよりも多い数の菌が腸内に同居していることになります。

母親のお腹の中で育っている胎児は完全な無菌状態です。しかし、出生の時に産道を通る段階で母親の持つ菌をもらい、おぎゃーと呼吸することでその部屋に漂う菌を吸い込み、母乳を飲むことで乳首に常在している菌をも飲み込み、あっという間に図-17で示した出生後の菌の状態になります。

その後母乳やミルクを飲むことで、出生直後に体内に入った菌は生後2～3日で減少し、いわゆる善玉菌と呼ばれるビフィズス菌や乳酸桿菌が主となる腸内の菌叢が2週間ほどで整ってきます。これらのことは、糞便の菌を分析することにより調べられています。このころの赤ちゃんの便は黄色っぽく、臭くないのはこのためです（桐村編、光岡、1994；

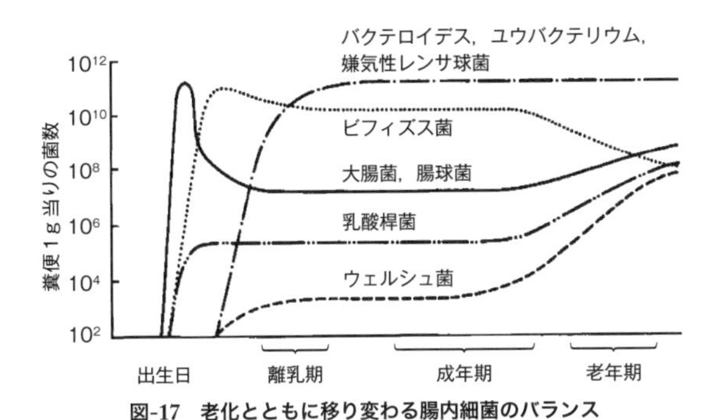

図-17　老化とともに移り変わる腸内細菌のバランス

出典；桐村光太郎編，光岡知足著，『バイオサイエンスで健康を考える』p.50，（1994 年）

(財) 日本ビフィズス菌センター監修、光岡編、1998)。

離乳期になって離乳食を食べ始めると日和見菌としての嫌気性菌が増加し、我々と同様の多くの菌が存在する大人の菌叢へと変化してしまい、便も大人と同じ匂いになってしまいます。また、図-17で示したようにこれ以降成年期まではこれらの菌叢はほとんど変化せずに同じバランスを保ちますが、55 ～ 60歳を境に菌叢の変化が起こり、善玉菌であるビフィズス菌が減り、悪玉菌のウェルシュ菌が増えてきて老年期に移行します。青年期から一貫して一番多く存在する嫌気性菌は普段は中立ですが、体調を壊したようなときには腸内で悪い働きをし、善玉菌と悪玉菌の優勢なほうに味方するので日和見菌と呼ばれています。

年をとる (老化する) ことによりビフィズス菌が減少する理由としては、「まず年をとることによって消化能力が落ちることが挙げられ、そうなると腸のぜん動運動が減ってビフィズス菌が住みにくい環境になり、便秘しやすくなる結果である」と光岡知足先生が対談で答えておられました (雪印乳業健康生活研究所編・小崎編著、1996)。

それ以外に老化すると悪玉菌といわれるウェルシュ菌が増加します。この菌はヒトや動物の腸管および自然界に広く分布する嫌気性菌で腐敗産物を生じたりしますが、これらの菌が年とともに増えることでオナラもくさくなります (堀内、2002)。このような状態にならないためには、消化能力を維持するように運動にも心掛け、食物繊維などの多い食生活に気を付ける必要があります。なるべくこの変化が起こる年齢を先延ばしし、老化を遅くしたいものです。

菌叢は、今や健康から寿命、また病気から肥満に至るまで密接に関与していることがわかってきています。また、最近は種々の乳酸菌が市販されており、健康のため摂取している人が多いと思われます。しかし、その摂取を止めますと数日で元の菌叢に戻ってしまうことなどにも注意したいものです。腸内の菌叢を整えることを心掛けることが大切です。

XV－(6). 病気は遺伝子支配か、環境支配か

この問題を検討するには、移民の人たちを調べる方法と、一卵性双生児の病気罹患率を調べる方法があります。

広島からブラジルのカンポグランデという所に移り住んだ移民たちの高血圧や高脂血症（現在は脂質異常症と呼ばれるようになりました）などの生活習慣病の人、また肥満度の高い人の比較を行った結果があります。それによりますと男女共に広島からブラジルへ移住した人たちの値がかなり高いことがわかりました。出身地の一族の人たちと移住した一世の人たちとは遺伝子的にはほぼ同じと考えられますので、この差は環境、とりわけ食生活が原因と考えられます。そこでブラジル奥地に住むその人たちに日本の伝統食に用いられる海草、魚介類、大豆を10週間にわたり摂ってもらったところ、これらのすべての値が下がり、改善されることがわかったと述べられています（家森、2006a）。

糖尿病に関しても、血液中の糖分濃度が高いことで血中のヘモグロビンと反応して生じるグルコヘモグロビンの値（血液検査ではHbA1cと記載されます。コラム15参照）が、沖縄からハワイやブラジルに移民した男性では高くなります。沖縄でこの値が平均的な6.9の男性が、ハワイに移住すると10.3に、ブラジルに移った人の値は24.2と高くなっていることが調べられています（家森、2006b）。日本だけでなく、イタリアから移民として国を離れた人達とその出身地の一族との比較や、イスラ

エルが建国した時に多くの国からイスラエルに移住したユダヤ人たちと彼らがそれまで住んでいた地域の一族との病気の罹患率の比較などからも同様な結果が出ており、これらの結果はすべて食生活が原因と考えられます。

がん発生についても、日本人がハワイに移住すると乳がん、大腸がん、胃がんの発生率がハワイの現地の人達と日本人の発生率の中間になることがわかりました（高宮、1986）。ただし、がんに関しては食生活だけでなくストレスや遺伝的な他の要因なども考えられるので、一概に結論を出せるわけではありません。

また、スウェーデン、デンマーク、フィンランドの一卵性双生児を対象に11種類のがんについて追跡調査をしたところ、前立腺がんでは遺伝要因の寄与が最大42％とわかりました。しかし、その他のがんはおおむね食事を含めての環境要因が大きいとの結論が得られています。がんを含めて病気の要因は食生活などの環境の支配が大きいと多くのデータを整理した結論として坪野吉孝教授は述べています（坪野、2002）。

【コラム15. 褐変反応は食生活から病気、老化まで】

我々の身の回りにある食品の褐変反応には、皮をむいたリンゴなどが酵素によって変色する反応と、カラメル化と呼ばれる糖類を加熱することで褐色になる反応があります。

それ以外にアミノ酸と糖が常温からでも反応するメイラード反応があり、アミノカルボニル反応とも呼ばれています。この反応は病気との関係でも注目されます。糖尿病においては血管の中の糖分とヘモグロビンが反応してグルコヘモグロビン（糖化ヘモグロビン）になります。血液検査ではこの値は HbA1cという項目で表記され、過去2～3か月の血糖値がわかると注目されていますが、この反応もメイラード反応です。

また、糖尿病以外でも、この反応がさらに進行することでメラノイジンという最終産物になり、これが蓄積すると老化や動脈硬化、さらにアルツハイマー病など生体内では好ましくない反応と考えられるようになってきました（佐藤、2018）。

メイラード反応はアミノ酸と糖などのカルボニル化合物が反応してまずアミノ酸よりも炭素数の１個少ないアルデヒドに変化し、さらに褐色物質を生じます。食品を加熱すると独特の芳香を生じることがありますがこのアルデヒドに由来します。アミノ酸のバリンからは100℃の過熱ではライムギパンの匂いが、さらに180℃になるとチョコレートの匂いが生じます。フェニルアラニンからは100℃で甘い花の香りが、180℃になるとスミレの花の匂いなどが発生します。

パンを焼いたときの香りや色の発生、コーヒー豆を焙煎したときの香りや徐々に色が濃くなる現象などがこの反応によって生じます（菊池、1976）。

醤油やみその色が年とともに濃くなる現象も同様です。また、堆肥や土壌の色が色濃く変化し、黒く変色していくのもこの現象と考えらます。

XV－(7). 長寿地域の崩壊と食生活

新疆ウイグル自治区やカスピ海と黒海に挟まれたコーカサス地方、さらに南米エクアドルのビルカバンバなど、世界には長寿地域が存在します（しました）。

一方で、新疆ウイグル自治区からそれほど離れていない地に住むカザフ族は遊牧生活でテント暮らしをしており、バターを入れた塩茶を多飲し、畑などを持たないので野菜や果物を食べません。そのためか、そこには60歳以上の人はほとんどいないとのことです。

ウイグル族は油を落とした肉を香辛料で味付けし、野菜や果物を多くとり、お米、ヨーグルトを食します。また地下水路の低温を利用して食材を貯蔵するので塩蔵の必要がないような生活を送っています。これらの食生活はコレステロール値を低く保ち、脳卒中・動脈硬化を防ぐのに効果があります。事実、100歳以上の人たちが一族の長老として慕われ、尊敬されて生活しているとのことです（家森、1995）。

南米ペルーのビルカバンバというところでは、ユッカという芋とトウモロコシの粉を用いた手間・暇のかかるものを主食としていました。野菜や果物も多く摂取し、自家製の発酵・無塩チーズを食べる生活を送っていました。実際に長寿村だったのですが、そのことが報道されてから「寿命が延びる！」と考えた裕福な都会人が移り住むようになりました。そのため、それまでなかったホテルやコンビニエンスストアなどが出現し、伝統食が軽視され、食べ方も変化してきました。家森先生たちが14年後に行なった2度目の調査では、長寿村だった住民の肥満度が上がり、コレステロールの値も高くなり、生活習慣病が文明地域と同じレベルに近づいてしまっていました。たった14年で長寿（村）とは縁がなくなってしまったとのことです（家森、2006c）。

沖縄は都道府県別平均寿命の順位が長年にわたり男女ともトップで、世界の長寿地域に数えられるほどでした。しかし、1995年の調査では男性は第4位に低下し、2000年には女性こそトップを維持したものの男性は26位に下降してしまいました。それが2010年の調査ではさらに女性も3位に転落し、男性は30位になってしまいました。その年の調査では長野県が男女ともトップになりました。

沖縄が低下した理由は米軍の駐留により食生活が欧米化したことでした。人口当たりのファーストフード店の数は日本一です。また、1949年度の肥満度は全国平均より低かったものの、1982年以降は全国平均から抜きんでて高くなっています。さらに、長い間長寿県だったためか健康診断の受診率が低いことや、中年世代の死亡率が高いことも特徴的です。

2015年の都道府県別平均寿命は、男性のトップは長野県を0.03年（11日）差で上回った滋賀県になりましたが、それまで男女とも長野県が日本一でした。長野県が1位であり続けた理由は、肉よりは魚や大豆、さらに野菜などを摂り、塩分を減らすなど食生活に気をつけて生活習慣病を減らすという「予防医療」に力が注がれてきた結果と評価されています。病院や医師の数および病床数などの医療設備は決して良くはなく、全国でも最下位に近いのが現状です。しかし、病気にならないように気を付ける戦術をとってきた結果、入院件数や入院日数および病院を訪れる外来件数も最下位か最下位に近いなどの成果が現れていたといわれました（(財) 神奈川県予防医学協会ホームページ、および恵仁会、糖尿病掲示板2008)。

最近は「平均寿命」だけでなく「健康寿命」を伸ばす方向に考え方も変わってきました。健康寿命に関しては山梨県がトップとのことです。そこではがん検診やその他の検診の受診率が高く、60歳以上でも働いている人が多く、ボランティア活動や山梨独特の「無尽」への参加など社会的集団に属して生きがいを感じて生活していることが理由として挙げられています。「無尽」というのは気の合う仲間とお酒や料理を定期的に楽しみ助け合う会のことで、ストレス発散の一助にもなっているとのことです。NHKスペシャルの番組では健康寿命関連のビッグデータを人工知能(AI)が読み解いて、山梨県は図書館が多く、本や雑誌を読む機会が多いからという思わぬ結果も報道されました。

健康寿命から実際の寿命までの間は、人の手を借りての生活をしなければならなくなってしまいますので、その間の不健康な生活期間はなるべく短くしたいものです。山梨県の取り組みが参考になりそうです。

XV-(8). 食環境に関する世界の最近の動向

2011年、ハンガリーで糖分や塩分の多い食品への課税として「ポテトチップス税」が施行されました。2008年の調査で、男性の26.2%、女性の20.4%が肥満という結果が出たことを受け、原因物質に課税して摂取を抑制しようと考えての施行です。

デンマークでも同じく2011年の10月からバター、ピザ、牛乳、油、肉など飽和脂肪酸の含まれる食品に「脂肪税(肥満税)」が実施されました。しかし、2012年11月12日に「健康より雇用が先である」という理由や、管理費用の増加や食品価格の高騰などのため、この税は廃止されたとのことです。

フランスでも2012年に肥満防止のため砂糖が添加された炭酸飲料に「ソーダ税」を課すことになったそうです。

アメリカでも糖分の多い飲料に対する「ソーダ税」が検討されていました。2015年にカリフォルニア州のバークレー市が他所に先駆け独自に実施しました。そこまでする理由は世界第2位の肥満大国(ちなみに1位はメキシコです)であり、糖尿病患者も多いので抑制したいと考えての目論見です。

高脂肪、高カロリーなジャンクフードへの課税もアメリカの全部ではありませんが、西部アリゾナ州など3つの州で独自に2015年からその課税が実施され、広がりを見せています。

第6章　引用文献

家森幸男（2008)、『食でつくる長寿力』、p.132、日本経済新聞出版（2008年）

松尾登、長谷川恭子編（1995a)、『改訂版、油脂 —栄養・文化そして健康—』、p.117、女子栄養大学出版部（1995年）

門脇 孝（1999)、「糖尿病と肥満 —遺伝子と生活習慣」、『化学と生物』、37巻、120-125、公益社団法人日本農芸化学会（1999年）

今村光一監訳（1995)、『アメリカ上院栄養問題特別委員会レポート、今の食生活では早死にする』、p.22、経済界（1995年）

日本脂質栄養学会監修・奥山治美・菊川清美編（1998)、『脂質栄養と脂質過酸化、生体内脂質過酸化は障害か防御か』、p.7、学会センター関西（1998年）

黒木登志夫（2007)、『健康・老化・寿命、人といのちの文化誌』、p.181、中央公論新社（2007年）

武田健、太田茂（2008)、『ベーシック薬学教科書シリーズ12『環境』』、p.112、化学同人（2008年）

左右田健次編（2001)、『生化学 —基礎と工学—』、p.167、化学同人（2001年）

高橋久仁子（2003)、『「食べもの神話」の落とし穴』、p.231、講談社（2003年）

松尾登、長谷川恭子編（1995b)、『改定版、油脂 —栄養・文化そして健康—』、p.119、女子栄養大学出版部（1995年）

朝日新聞（1996)、10月7日（1996年）

Christopher Flavin編、高木善之監訳（2002)、『地球と環境、21世紀のビジョン、2002年版』、p.80、同友館（2002年）

山崎幹夫（2005)、『新化学読本 —化ける、変わるを学ぶ—』、p.23、白日社（2005年）

松中昭一（2000）、『農薬のおはなし』、p.149、日本規格協会（2000年）
太田保夫（1995）、「植物はホルモンの連携で生長する」、『ゑれきてる』、第58号、p.19-23、東京芝浦電気㈱（1995年）。
岩澤信夫（2010）、『究極の田んぼ、耕さず肥料も農薬も使わない農業』、p.148、日本経済新聞出版社（2010年）
桐村光太郎編、光岡知足（1994）、『バイオサイエンスで健康を考える』、p.45、丸善（1994年）
（財）日本ビフィズス菌センター監修、光岡知足編、光岡知足（1998）、『腸内フローラと健康』、p.143、学会センター関西（1998年）
雪印乳業健康生活研究所編、小崎道雄編著（1996）、『乳酸菌発酵の文化譜』、p.336、中央法規（1996年）
堀内 勲（2002）、『赤ちゃんはスリッパの裏をなめても平気、あなたの周りの微生物がわかる本』、p.32、ダイヤモンド社（2002年）
家森幸男（2006a）、『長寿の謎を解く』、p.140, NHK出版（2006年）。
家森幸男（2006b）、『長寿の謎を解く』、p.123, NHK出版（2006年）。
高宮和彦（1986）、『ガンと食物 ―粗食のすすめ』、p.54、研成社（1986年）
坪野吉孝（2002）、『食べ物とがん予防、健康情報をどう読むか』、p.102、文藝春秋（2002年）
佐藤成美（2018）、「褐変現象で注目される食品から生体まで」、『化学と工業』、71巻、391-393、公益社団法人日本化学会（2018年）
菊池俊英（1976）、『人間の生物学』、p.217、理工学社（1976年）
家森幸男（1995）、『長寿の秘密、冒険病理学者が探る世界の長寿食』、p.106、法研（1995年）
家森幸男（2006c）、『長寿の謎を解く』、p.112, NHK出版（2006年）。
（財）神奈川県予防医学協会ホームページ、及び恵仁会、『糖尿病掲示板』（2008年）。

第7章　日本の自然調和型文化の継承

XVI. 今後に向けて

XVI－(1). 環境科学の問題点

環境のことが問題にされるようになったのは公害が発生した頃と思われます。環境庁が発足したのが1971年で、それが省に昇格したのが2001年であることからも頷けます。しかし、現在のように環境を意識せざるを得なくなった歴史は浅いと思われます。

また、渡辺正氏は「環境の諸問題は複雑系を相手にすることが多いので答えが1つとは限らず、今の答えがすべて間違っている可能性もある」と言及しています（渡辺、2000）。

神里達博氏は「学問分野も理系と文系にまたがっているので、総合的に議論する研究者も多くなく、また、地球温暖化の問題などは従来の科学の枠組みに収まりきらない「捉えにくさ」がある」と述べています（朝日新聞、2017）。

その上、環境問題の検討は後回しになりやすく、後追いになることも多く、解決には時間がかかることが多いのがこの分野の問題点であると著者は常々考えてきました。

公害が問題になった時の解決策として「時間で解決するか、お金で解決するか」の2つがあると宇井純氏が述べていたことを思い出します。自然界の微生物などによる処理効率は高くはないので処理の時間をとることで分解されるのを待つか、その時の解決技術の粋を集めて大々的なプラントを建設して解決するかの2つの方法しかないと述べていました。

XVI－(2). 部門別二酸化炭素排出量の推移

二酸化炭素の発生は地球温暖化の元凶であるといわれ、世界的な関心事です。エネルギー消費に伴う二酸化炭素の排出量に関しては1997年に京都で開催された国連気候変動枠組条約第3回締約国会議（COP3）の取り決めに基づき、日本政府も1990年比で排出量削減を義務付けられました。それ以降の国内の部門別排出量の推移を見ますと、産業部門のみが減少していますが、その他の家庭部門や業務部門などは増加しており、環境への意識を強く持つ必要があることが理解されます。

ところで、国内の化石資源の消費量と二酸化炭素の発生量およびGDPとの関係を2007年版のエネルギー・経済統計要覧で調べますと1986年から2005年に渡ってこれら三者はほとんど同じ動きを示しています。このデータを見る限り、二酸化炭素の発生を抑えるには国内のGDP（経済活動）を抑えるしか方法がないと渡辺正氏は論文で言及しています。

しかしこの集計年度より前の1970年代はこの値が連動していません。その時代は省エネ対策が不十分であったためと思われますが、1986年になってその対策が実を結ぶようになった結果といわれます（池田、2008）。

環境省の2012（平成24）年の白書に国別の1人あたりの二酸化炭素の発生量とGDPとの関係のグラフ（図-18）が示されています。このグラフにおいて一次の直線に近い関係を示す国として韓国、中国などがあり

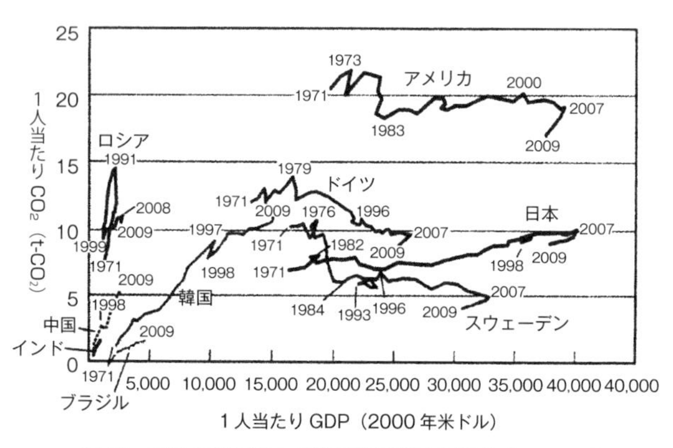

図-18　各国の経済成長と二酸化炭素排出量の遷移（1971-2009）

出典；『環境省平成24年度白書』より

ます。直線の勾配がきついのは省エネ対策が不十分のためと思われます。日本も勾配はゆるいですがやや右上がりの傾向がみられます。

一方、アメリカ、ドイツそしてスウェーデンはGDPが増加しても発生量は変化しないかむしろ低下していることがわかり、これは生産効率の向上が図られた結果とも思われます。しかし、相変わらずアメリカの発生量が飛びぬけて多いことが読み取れ、すべての国がスウェーデンに見習う必要がありそうです。

2007年から2009年にかけてはリーマンショック以降の世界金融危機などの結果が反映されたことがこの図からも読み取れます。

XVI－(3). 経済活動における持続性

①　創業200年以上の企業———

韓国銀行の2008年の調査によりますと、創業200年以上の企業は世界に5,586社あるそうですが、その内3,146社が日本の企業とのことです。次いでドイツに837社、オランダに222社、フランスに196社存在するそうです。また、日本には100年を超える企業は2017年現在、10万社もあるそうで、如何に日本に長寿の企業が多いかがわかります。その理由はどこにあるのでしょうか？

②　日本企業の長寿の要因は———

日本企業はビジネスを単なる金儲けの手段と捉えず、社会的な意義を持つ行為と考えているところが多くあります。自分(自社)がよければそれでよいという思想ではないことが長寿の要因といわれます。また、日本の長寿企業には社員を家族のように手厚く扱うところが多く、最終目標を金儲けではなく社会貢献と心掛ける企業も多いといわれます。このような考え方の根底には、自然をはじめ人の力が及ばないものに対する畏怖の念を持ち、神事、祭事、仏事を大切にし、ものを大事に扱う思想が脈々と受け継がれていると考えられます。江戸のリサイクル社会の項でもふれたように、ものを大事にする考え方の裏には「すべてのものに命がある」と考える「アニミズム」の思想があるからとも思われます。

国内全域を相手に商売をしてきた近江商人の経営哲学は、「売り手よし」「買い手よし」「世間よし」の「三方よし」という考え方でした。まさしくこの考え方こそが長寿企業の経営理念であり、共存共栄を追求していく思想と思われます。

しかし世の中が変わってきた現在では「売り手よし」「買い手よし」「世間よし」の他に「地球よし」とか「未来よし」を加えて「四方よし」の精神が必要ではないでしょうか。

当然「地球よし」は環境に配慮した考え方を導入する必要がありますが、「未来よし」にはサステイナビリティを目指すという持続性社会を目指さなければならないという概念が入っています（東京商工会議所編著、2015）。さらに現在進められているSDGsの考え方にも通じるものと考えられます。

仙台市ではこれまでの三方よしの他に「働き手よし」を加えた「四方よし」の取り組みをしている企業を表彰する企業大賞を制定しています。

XVI－(4). 稲作漁労文明を見直す

環境考古学者の安田喜憲氏は、世界の文明を「稲作漁労文明」と「畑作牧畜文明」の2つに分けて議論しています。

前者は人の糞便を肥料とし、森と水の循環系を守りながら利用し、土壌の持続性を重視した再生産・循環の世界観が主となっています。日本など東南アジアの生活様式がこれに属し、食料の確保が継続的に続くようにと考えられています。

それに対し、後者はヒツジやヤギの放牧が主であり、家畜のえさを求めて渡り歩き草が無くなればその場所はそのままにして次の草地へ移動する生活を送るような考え方です。したがって緑地、森林が破壊され、その上、家畜のえさを求めて闘争が繰り返されるといわれます。農耕地を拡大することによって生産性を上げる生活であり、大地のエネルギーを収奪してしまうため、砂漠化が進行することにもなります（安田、2006）。

環境から見える各地域やそこで暮らす人々の暮らしを考察してみると、まさしくこの2つの文明のせめぎあいが見えてきます。

写真-4は堀信行氏が撮影したスーダンの都市の航空写真です。現地の人は、家畜に餌を与えるために市街地を朝出発して夕方帰る生活を繰り返しています。餌を求めて家畜とともに市街地から一日で往復できる範囲に通います。従って同心円状に生えている草木がなくなり、地面がドーナツ状に白く（カラー写真では、実際地面がむき出しになった茶色です。）現れているのがよくわかります。写真を見た久間一剛先生は、これはまさしく砂漠化の最前線の証拠写真であろうと述べられて、著書の口絵に載せておられます（久馬、2005）。

写真-4　アフリカ、スーダンの都市の航空写真
出典；堀信行 撮影,
久間一剛『土とは何だろうか？』口絵，2005 年

実際毎年、九州と四国を合わせた面積の土地がこの地球上で砂漠化しているといわれています。このような過放牧や過耕作もその原因と考えられます。

食料確保は生きるための基本ですが、再生産の持続性を重視する考え方が今まで以上に必要となることでしょう。

XVI－（5）．まとめとして

生物は単独では生きられないことを述べてきましたが、見方を変えるとそれはちょうど寄生体（パラサイト）の如くと考えられます。

ヒトも地球の寄生体です。単独では生きられないということは、環境の入れ子構造などで述べてきたとおりです。このことをいい換えれば、地球は人類の宿主ということになります。宿主が死に至るまで寄生体が搾取してしまうと、寄生体自身も生育できなくなってしまうわけですから、宿主の存亡は寄生体自身の命運と表裏一体であるわけです。地球が衰退すれば人類の存亡も危うくなることは自明であり、心したいものです（小池、1998）。

近年、そのことを踏まえて寄生体の方から「地球は病気」であると宿主を慮り、危機感を持つ若い世代が増えたと報道されてきています。しかし関心が増えても、その問題点に対しての対策や解決策に結びつくところまでの展開はないようです。

スウェーデンの環境科学者ヨハン・ロックストローム氏は「プラネタリー・バウンダリー」（人類が生存できる範囲の限界）という概念を提唱しています。「人類が地球に与える圧力が大きくなりすぎると、自然の持つ回復力の限界を超えて、気候や水環境、生態系などに後戻りできない大きな変化が起こりうる」と考える概念です。我々の日常の活動によって、化石燃料の大量使用による弊害も現れ、生物多様性が損失しつつありますし、さらに森林破壊や砂漠化なども随所に見られます。彼の著書を谷淳也氏が翻訳し『小さな地球の大きな世界　プラネタリー・バウンダリーと持続可能な開発』として出版しました（朝日新聞、2018a）。

地球1個分以上の生活を享受できるところが存在し得る間は良くとも、すでに地球に圧力やストレスをかけていることになるのでしょう。

旭硝子財団が1992年から世界各国の大学や研究機関、NGOなどの有識者に対してアンケートを実施している「環境危機時計」というものがあります。この時計は0時から12時で表されており、12時に近づくほど危機感が高まっていることを表しています。2018年度のアンケート結果でその時刻は9時47分と出て、1年で14分進み、過去最悪となりました（2020年度も9時47分と出ています）。回答を出すにあたり重視された項目は、気候変動が28%、生物多様性が12%、水資源が11%であったということです。年代別では20～30代の平均が「10時」で他の年代より針が進んでいて、若い世代で危機意識が高まっていると分析されています（朝日新聞、2018b）。

これまでの日本人の生き方は、総じて自然と共生した環境保全型の生活であったように思われます。水や森の循環系を守る文明を昔から大事に守って継承してきましたし、土壌を重視した再生産の考え方に立脚して里山や里海の共生系が保たれるように努力もしてきていると思われます。生態系の保護に関してもそれなりに生き物を大事にし、持続性を重視した社会を送ってきたように思われます。

このような考え方や培ってきた日本の社会を、免疫学者で能の作者としても知られる多田富雄東大名誉教授は端的に「美しい日本の四つの特徴」として朝日新聞での連載記事の9回目に次のように述べています。

> 美しい日本の四つの特徴
>
> 自然崇拝、自然信仰による「アニミズム」の文化であり、環境を守る日本のエコロジーの思想のルーツでもある。
>
> 次は俳句、和歌などの豊かな「想像力」、これは能、歌舞伎などの芸能から茶道、華道に至る豊かな象徴力である。
>
> 次に「あわれ」という美学の発見、滅びゆく者に対する共感、死者の鎮魂、人の世の無常、弱者への慈悲などが日本の美の大切な要素になっており、心の優しさ、美しさ、デリケートさの根源となっている。
>
> それにそれらを技術的に包み込む「匠の技」があり、「型」や「間」を重んじる独特の美学であり、それはまた日本の優れた工業技術のルーツでもある。

とまとめています（朝日新聞、2008）。

本書で述べてきた、自然と調和し、共生した循環型の持続可能な社会を目指すという内容が、この多田先生の文章に述べられている自然調和型の日本の美学と重なるように思われ、勇気づけられます。

さらに今後につなげていくことができる社会であってほしいと思います。

第7章　引用文献

渡辺正（2000)、「環境・エネルギー問題と化学」、『化学と教育』、48巻、790、公益社団法人日本化学会（2000年）
朝日新聞（2017)、8月18日（2017年）
池田養老（2008)、『ほんとうの環境問題』、p.128、新潮社（2008年）
東京商工会議所編著（2015)、『ECO検定公式テキスト』、p.211、日本能率協会マネジメントセンター(2015年）
安田喜憲（2006)、『一神教の闇――アニミズムの復権』、p.11、ちくま新書（2006年）
久馬一剛（2005)、『土とは何だろうか？』、口絵、京都大学学術出版会（2005年）
小池雄介（1998)、『2001年感染症の恐怖』、p.27、PHP研究所（1998年）
朝日新聞（2018a)、9月26日（2018年）
朝日新聞（2018b)、9月8日（2018年）
朝日新聞（2008)、6月20日（2008年）

あとがき

環境という言葉は、人により、時により、場所によって意味合いが異なって使われますし、その意味に含まれるものも複雑多岐に亘ります。また、現代のように社会構造が多様になりますと、これまでの狭い枠組みから抜け出して考えなければならなくなってもいます。時代もそれを求めており、環境庁も環境省に昇格しましたし、多くの大学に「環境」の文字が入った学科や研究科が設立されるようにもなりました。そこで扱われる内容も理系から文系まで横断的に幅広く複雑になってきております。この本を書くためにも多くの書物や資料を参考にさせていただきました。

作業を始めて2年以上になるため、本書に論述した内容が古くなった部分も出てきました。例えばオリンピックメダルを廃電子機器からリサイクルして制作するという箇所や、環境破壊等によってウイルスや病原菌による感染症が現れると記していたところ、ご承知のように新たなコロナウイルスが出現してきました。

また、執筆を始めた時には一般にはほとんど知られていなかった「SDGs」に関しては、瞬く間に日常のニュースに取り上げられるようになりました。17のゴールを色分けしたバッジを襟元に付けている人も目につくようになりました。温室効果ガスの排出量を2050年までに実質ゼロにし、脱炭素社会にするという方針も「宣言」という形で発信され、国の方針も大きく舵がきられたりもしました。

このように環境問題は時代とともに大きく変化し、身近なものだけではなく国の政治とも結びつく複雑な分野でもあります。それらを解決するためには今後新しい技術なり考え方も必要と思われます。多くの英知を結集して、諸問題が解決されることに期待したいと思います。それと同時に、われわれ一人ひとりの意識の持ち方も重要であり、少しでも身の回りにある自分の問題として「環境」を捉えられれば良いと思っています。

記述しました内容には、思い違いや間違った解釈などもあるかもしれません。その際はご指摘いただきましたら幸いです。

2021年初夏　筆者

索　引

<著者略歴>

西野 徳三（にしの　とくぞう）

1941年生まれ。1966年東北大学理学部化学科卒業。1971年東北大学大学院理学研究科化学専攻博士課程修了、理学博士。1971年シンシナティー大学及びハーバード大学博士研究員を経て1974年東北大学教養部生物学科助手、1975年から1988年まで京都大学理学部化学科助手、1988年東北大学工学部分子化学工学科助教授、1992年東北大学工学部生物化学工学科教授、2005年同大学定年退職、東北大学名誉教授。2005年東北生活文化大学家政学科特任教授、2012年同大学定年退職、2012年から2013年古城幼稚園特任園長、2015年から2021年公益財団法人日本化学研究会理事長。

著書

・『生化学　―基礎と工学―』左右田健次編著、化学同人、分担執筆（2001）.
・『バイオテクノロジー　―生化学から物質生産へ』丸尾文治編、学会出版センター、分担執筆（1985）.
・『生命工学　―分子から環境まで―』熊谷泉、金谷茂則編、共立出版、分担執筆（2000）.
・『ライフサイエンス系の高分子化学』宮下徳治編著、三共出版、分担執筆（2004）.

分担執筆として

・『生物化学実験法17巻』学会出版センター（1982）.
・『新生化学実験講座第4巻』東京化学同人（1993）.
・『酵素ハンドブック』朝倉書店（1982）.
・『生化学辞典』東京化学同人（1984）.
・『生物学辞典』東京化学同人、分担執筆（2010）　など

「環境」の基本的な考え方
──持続可能な循環型社会をめざして──

Basic Concept of "Environment"：
Aiming for a sustainable, recycling-oriented society

2022年1月7日　初版第1刷発行

著　者　西野 徳三
発行者　関内 隆
発行所　東北大学出版会
〒980-8577　仙台市青葉区片平2-1-1
TEL：022-214-2777　FAX：022-214-2778
https://www.tups.jp　E-mail：info@tups.jp
印　刷　社会福祉法人　共生福祉会
萩の郷福祉工場
〒982-0804　仙台市太白区鈎取御堂平38
TEL：022-244-0117　FAX：022-244-7104

ISBN978-4-86163-347-8　C3045
定価はカバーに表示してあります。
乱丁、落丁はおとりかえします。